Handbook of Svalbard Plants

Håndbok over svalbardplanter

한 눈에 보는 스발바르 식물   斯瓦尔巴特植物手册

Copyright © 2019 by Yoo Kyung Lee, Arve Elvebakk, GEOBOOK Publishing Co.
All rights reserved.

Published by GEOBOOK Publishing Co. in 2019
    1015 Platinum, 28, Saemunan-ro 5ga-gil, Jongno-gu, Seoul,
    03170, Rep. of KOREA
    Tel. +82-2-732-0337 http://www.geobook.co.kr
    Email : book@geobook.co.kr

Authors Yoo Kyung Lee, Arve Elvebakk
Design & Editing GEOBOOK Publishing Co.

Printed in Rep. of KOREA

ISBN 978-89-94242-64-4 06480

All rights reserved. No parts of this publication may be reproduced, stored in a retrieval system or transmitted, in any form or by any means, electronic, mechanical, photocopying, recording or otherwise, without the prior permission of the publisher.

Handbook of Svalbard Plants

Håndbok over svalbardplanter

한 눈에 보는 스발바르 식물   斯瓦尔巴特植物手册

GEOBOOK 지오북

Preface

When one arrives at Svalbard, the first thing one might think is that there are no plants. The mountains might look bare without any trees to be seen. But if we take a closer look, small, fragile, Arctic plants appear. They only remain as combinations of shapes and colors until we get to know their names. However, the moment we look at the flowers and call them by their names, they become something meaningful to us.

We've prepared this book for travelers to Svalbard. We hope that you recognize them, be fond of them, and behold their small yet resilient lives in the harsh environment. We hope this book will introduce you to make many, unforgettable encounters with the diverse Arctic plants in Svalbard.

・・・・・

Når man kommer til Svalbard, er det første inntrykket at her er det ingen planter. Nakne fjell uten vegetasjon og iallfall uten trær. Men ser vi nøyere etter, dukker små, arktiske planter opp. Uten at vi kjenner navnene deres, forblir de som kombinasjoner av former og farger. Men i det øyeblikket vi ser på en plante og bruker dens navn blir den plutseleg mer meningsfylt for oss.

Denne boken er laget for at den kan øke din opplevelse av et besøk på Svalbard. Vi håper boken vil bidra til at du får mange uforglemmelige møter med det varierte plantelivet der. Vi håper også at du vil kjenne igjen mange av plantene, at du vil bli glad i dem, og vi er sikre på at du vil beundre hvordan de klarer seg i det harde miljøet de hører til i.

스발바르에 와서 가장 먼저 느끼는 것은 식물이 안 보인다는 것입니다. 산은 민둥산이고 나무가 하나도 없지요. 그러나 조금만 자세히 살펴보면 아주 작은 풀이 우리의 눈길을 기다리고 있습니다. 그냥 스쳐 지나가기 쉬운 작고 여린 북극 식물이지요. 우리가 그 이름을 알기 전에 그것은 우리에게 아무것도 아니지만, 우리가 그 꽃을 보며 이름을 부르는 순간 그것은 우리에게 의미 있는 무언가가 됩니다.

이 책은 스발바르를 방문하는 여행자들을 위한 선물입니다. 이 척박하고 살기 힘든 환경에서도 꿋꿋하게 살아온 작고 강인한 생명을 그냥 지나치지 말고 한 번쯤 이들의 이름을 불러 보기를 바라는 마음으로 이 책을 펴냈습니다. 이 책을 통해 스발바르의 다양한 식물과 잊지못할 추억을 만들기를 바라며.

· · · · ·

我对斯瓦尔巴德的第一印象是这里没有植物。山光秃秃的，一棵树也没有。仔细看后才发现，原来还有非常小的野草向我们投来期待的目光。小而脆弱，很容易被忽视的那种北极植物。在知道它的名字之前，它对我们来说什么都算不上，但是当我们看着它叫出它的名字的时候，它就会成为对我们有意义的东西。

这本书是为访问斯瓦尔巴德的旅行者们准备的礼物。我们希望您能够认出它们，也能赞许这些在北极贫瘠土地上虽然艰苦却仍然坚定地活着的小而强韧的生命。祝您通过这本书，与斯瓦尔巴德的植物们留下许多美好而富有意义的回忆。

Acknowledgements

Big thanks to Dr. Ji Young Jung (KOPRI), Director Danny Donguk Han (PGA Institute of Eco & Diversity), and Professor Frits Steenhuisen (University of Groningen) for their photographs. Each photo was invaluable contributions to this book. We are also grateful to Young Sim Hwang, Head of Geobook for publishing the book as well as providing her own precious photographs of Svalbard plants. We also would like to thank Professor Ke Dong (Kyonggi University) for editing the Chinese text and to Somang Chung for editing the English text. Their contribution was paramount to making the book accessible for both Chinese and English readers. Finally, this book is largely borne from research that Dr. Yoo Kyung Lee conducted in Svalbard which was funded by the Ministry of Science and ICT and the National Research Foundation of Korea (2016M1A5A1901769, KOPRI-PN19081).

Acknowledgements 07

Contents

- **Preface** ...04
- **Acknowledgements** ...06
- **Introduction** ...10

Lycopodiophyta & Pteridophyta

Lycopodiaceae
Huperzia arctica ...20

Equisetaceae
Equisetum arvense ssp. *alpestre* ...22
Equisetum scirpoides ...24

Cystopteridaceae
Cystopteris fragilis ...26

Woodsiaceae
Woodsia glabella ...28

Magnoliophyta

Cyperaceae
Carex fuliginosa ssp. *misandra* ...32
Eriophorum scheuchzeri ssp. *arcticum* ...34

Juncaceae
Luzula confusa ...36

Poaceae
Alopecurus ovatus ...38
Poa alpina var. *vivipara* ...40

Papaveraceae
Papaver dahlianum ...42

Ranunculaceae
Ranunculus arcticus ...44
Ranunculus hyperboreus ssp. *arnellii* ...46
Ranunculus nivalis ...48
Ranunculus pygmaeus ...50
Ranunculus sulphureus ...52

Caryophyllaceae
Arenaria pseudofrigida ...54
Cerastium arcticum ...56
Minuartia biflora ...58
Sagina nivalis ...60
Silene acaulis ...62
Silene involucrata ssp. *furcata* ...64
Silene uralensis ssp. *arctica* ...66
Stellaria humifusa ...68
Stellaria longipes ...70

Polygonaceae
Bistorta vivipara ...72
Koenigia islandica ...74
Oxyria digyna ...76

Saxifragaceae
Chrysosplenium tetrandrum ...78

Micranthes foliolosa ...80
Micranthes hieraciifolia ...82
Micranthes nivalis ...84
Saxifraga aizoides ...86
Saxifraga cernua ...88
Saxifraga cespitosa ...90
Saxifraga hirculus ssp. *compacta* ...92
Saxifraga oppositifolia ...94

Brassicaceae
Braya glabella ssp. *purpurascens* ...96
Cardamine pratensis ssp. *angustifolia* ...98
Cochlearia groenlandica ...100
Draba alpina ...102
Draba corymbosa ...104

Salicaceae
Salix polaris ...106
Salix reticulata ...108

Rosaceae
Dryas octopetala ...110
Potentilla pulchella ...112

Betulaceae
Betula nana ssp. *tundrarum* ...114

Ericaceae
Cassiope tetragona ...116
Harrimanella hypnoides ...118

Polemoniaceae
Polemonium boreale ...120

Orobanchaceae
Pedicularis dasyantha ...122
Pedicularis hirsuta ...124

Asteraceae
Erigeron humilis ...126
Taraxacum brachyceras ...128

Campanulaceae
Campanula uniflora ...130

- **References** ...132
- **Index**
  Scientific name index ...133
  Norwegian name index ...134
  English name index ...135
  Korean name index ...136
  Chinese name index ...137
- **Picture Credits** ...138

Introduction

● **Svalbard is...**

Svalbard is an Arctic Archipelago half-way between mainland Europe and the North Pole. Located at 78°N, there is no other place on the globe that far north you could go to encounter the Arctic landscape more easily than Longyearbyen, the capital of Svalbard. Meaning 'cold edges' in Old Norse, the first mention of Svalbard occurs in an Icelandic Viking Saga from 1194. But it was officially discovered in 1596 by a Dutch explorer, Willem Barentsz. For centuries, it was a nation-free territory where groups from various nations came for fishing, whaling, and mining. At last, by the Svalbard Treaty, Svalbard became a part of Norway in 1925 with Spitsbergen as the main, largest

island. The Svalbard Treaty also marked demilitarization of the territory and all signed adherents, which had counted 9 initially and now 46, have equal rights to carry on economic activity. For a long time, Longyearbyen was completely dominated by the coal industry which remains now marginal. Instead, tourism, research, and education have come to precedence, with climate change as the major focus for most of these activities.

● Svalbard and Climate Change

Svalbard is likely the place on Earth where climate change is most rapidly taking place. More than 100 sequential months of measurements at Longyearbyen have now shown mean monthly temperatures above long-term mean values. Atlantic water has replaced Arctic water in the western fjords, accompanied by a different set of species. Svalbard has been considered the High Arctic, however, the warmest regions of Svalbard have recently had temperatures changed into Low Arctic ones. So then, what about the vegetation?

The northernmost region of the Arctic is characterized as a polar desert with very scattered plants, where even prostrate dwarf-shrubs cannot be found. Polar deserts can be seen on the flat mountain plateaus near Longyearbyen. As an ecosystem that depends on very low temperatures, climate change has threatened these regions of the polar desert to shrink in size. Low Arctic communities have other dominating shrubs such as taller willows, dwarf birches, and *Empetrum*. The latter two exist on Svalbard but are known to be slow in expanding and in responding to climate change. Willows have very short-lived seeds, therefore, taller species cannot easily invade Svalbard even if seeds can be efficiently borne by the wind.

Despite the dramatic changes in climate, it is therefore unlikely for 'normal' tundra to undergo abrupt changes in Svalbard. Aside from the polar desert, moss tundra and Arctic marshes are two major ecosystems that have a much higher likelihood to change. Today, the two ecosystems are so moist if not wet that the ice does not thaw lower

than a maximum of 30 cm. In habitats like these, you could actually touch the permafrost, which will feel like a concrete floor. However, with increasing temperature, the thawed active layer will be deeper and disturb the hydrology in the upper soils, which may lead to the collapse of these communities known today.

● Arctic Plants in Svalbard

You might expect that with its extreme northern location, Svalbard is utterly barren of any living species. If you consider, however, all kinds of plants living there, this is certainly not the case. Among them,

the number of vascular plants, excluding introduced ones, is now 184. Mosses and liverworts make up about 400 species. Lichens, even though they don't belong to the plant kingdom, are about 800 species.

A vegetation map of Svalbard printed in 2005 shows that in smaller areas, high arctic steppes and moss tundras dominate while more common tundra types are dominated by species like Arctic bell-heather (*Cassiope tetragona*), mountain avens (*Dryas octopetala*), and Northern woodrush (*Luzula confusa*). Most of the 184 vascular plant species have a distribution pattern that is referred to as Arctic-alpine. It means that they occur both in the Arctic and in mountains of the Northern Hemisphere. Examples are mountain avens and moss campion (*Silene acaulis*). Several species such as mountain sorrel (*Oxyria digyna*) and drooping saxifrage (*Saxifraga cernua*) also make it to the mountains of Korea and China. Some Svalbard plants extend southwards only to northern parts of Fennoscandia, for example, hairy lousewort (*Pedicularis hirsuta*) and sulphur buttercup (*Ranunculus sulphureus*). Others are exclusively Arctic, such as pretty cinquefoil (*Potentilla pulchella*) and flat-top draba (*Draba corymbosa*).

● **This Book...**

The aim of the present book is to lend opportunities to visitors to Svalbard who do not have any background knowledge on botany to identify the most common plant there. A total of 55 species have been selected and the most difficult grass, sedge, and grass-like species were

excluded, as well as most members of the difficult genus *Draba* and many rare species. Each species is presented through several images, illustrating various aspects of the respective species and for some, also its habitat. Divided into five parts, each species' description is structured in the following way:

1. Explanation of the meaning of its scientific name. All species have a specific name. In some cases, they have a subspecies name (abbreviated 'ssp.') which mostly have different geographic distributions. The scientific names also include abbreviated author names. The names of species represent a changing world, and there is not always agreement among botanists. We have followed the recommendations given by the Pan-Arctic Flora (http://panarcticflora.org/).

2. A general description of the species. This section provides the most distinctive features of the plants. It includes a description of the plant forms, and sometimes the characteristics of its leaf or flower. If you look at the plant photos, the general description will be better understood.

3. Description of its leaves. The characteristics of plant leaves are often used to distinguish the species. Due to environmental variations, however, the leaf shape may vary slightly. We also tried to simplify the descriptions of leaf shapes. When the leaves constituting the rosette and the leaves attached to the stem were different in appearance, they were recorded, respectively. The leaf size of a species can be large or small depending on the environment, so we did not record the leaf size as well as the plant height in this book.

4. Description of flowers and fruits. These descriptions involve many botanical terms, particularly in English where these are versions of Latin. As names like petal, sepal, stamen, stigmas, anthers do not have alternative names, we used them. We use the less precise name 'stalk' or 'stem' instead of different botanical terms for stalks carrying a leaf blade, a whole flower compound or a single flower.

5. Distribution and ecology in Svalbard. The Flora of Svalbard (https://svalbardflora.no/) includes distribution maps and detailed descriptions, although not all species have yet been fully processed.

Visitors to Svalbard should respect not only formal regulations related to protected areas but also the fragile environment. Plants grow slowly in Svalbard, and a small plant may be older than you. Behold them, appreciate them and enjoy them. If this book can be a guide in your encounters with Arctic plants, we have fulfilled our mission.

Lycopodiophyta & Pteridophyta

Kråkefotplanter & Karsporeplanter
석송문 & 양치식물문
石松門 & 蕨类植物門

Lycopodiaceae

Huperzia arctica (Grossh. ex Tolm.) Sipliv.

N Polarlusegras **E** Mountain Fir-moss **한** 북극다람쥐꼬리 **中** 石杉属植物

Norsk

- Slektsnavnet er hentet fra navnet til den tyske bregnedyrkeren Johann Huperz (1771–1816), og artsnavnet betyr "arktisk".
- Flere likeverdige stengler vokser opp fra en felles basis.
- Gulgrønne, korte blad med skarp spiss omgir stengelen.
- Den har ingen blomst. Sporangier som danner sporer utvikler seg i bladhjørnene, men flate, vegetative formeringsorgan i skuddspissene med katapult-lignende spredningsmekanisme dominerer istedet.
- På surt substrat på de store øyene på Svalbard, men ikke på Bjørnøya.

English

- The genus name is derived from the name of the German fern horticulturist, Johann Huperz (1771–1816), and the species name means 'Arctic'.
- Several equal stalks grow from a common base.
- Short, yellowish-green leaves with sharp points surround the stalk.
- It does not have any flowers. Instead, sporangia forming spores develop on the axils of leaves and vegetative diaspores in the apices can be seen with their cataput-like dispersal mechanisms.
- It can be found on acidic substrates in the major islands of Svalbard, but not on Bjørnøya.

한국어

- 이 식물의 속명은 독일 양치식물 원예가 Johann Huperz(1771~1816)의 이름에서 유래했고, 종소명은 '북극'을 뜻한다.
- 여러 개의 비슷한 줄기가 한 곳에서 나온다.
- 침엽수 잎처럼 끝이 뾰족하고 두터운 연두색 잎이 줄기를 둘러싸고 있다.
- 꽃이 없고, 포자를 만드는 포자낭이 잎겨드랑이에 생긴다. 그러나 줄기 끝에 투석기 같이 튕겨져 나가는 무성아가 생기는 것을 더 자주 볼 수 있다.
- 비에르뇌위아를 제외한 스발바르 주요 섬의 산성 기질에서 관찰된다.

中文

- 属名来自德国蕨类植物园艺家Johann Huperz (1771-1816)，物种类名称的意思是"北极"。
- 几个相同的茎从一个共同的基部生长。
- 带有尖刺的黄绿色短叶围绕着茎。
- 没有花。形成孢子的孢子囊在叶腋中发育。然而，芽顶部的营养性水蚤替代了它们的弹射式扩散机制。
- 在斯瓦尔巴群岛的主要岛屿的酸性基质上观察到，但在熊岛没有。

Equisetaceae

Equisetum arvense L. ssp. *alpestre* (Wahlenb.) Schönswetter & Elven

N Polarsnelle **E** Polar Horsetail **한** 북극쇠뜨기 **中** 问荆亚种

Norsk

- Slektsnavnet kommer fra det latinske equis som betyr "hest" og seta som betyr "børste", artsnavnet betyr "åker", og underartsnavnet "vokser til fjells".
- De vegetative skuddene er grønne og de reproduktive skuddene er brunaktige. De sistnevnte modnes om våren og tidlig på sommeren.
- De nedliggende vegetative skuddene har ledd som er dekket av kranser av små blad. Flere kransstilte greiner omgir bladkransen, en greinkrans ved hvert ledd.
- Den har ingen blomst. Avlange aks (strobili) inneholder mange sporehus som produserer sporer.
- Vanlig på våte og fuktige steder på Svalbard.

English

- The genus name is derived from the Latin word equis meaning 'horse' and seta meaning 'bristle'. The species name means 'field', and the subspecies name means 'growing in mountains'.
- The vegetative shoots are green and the reproductive shoots brownish. The reproductive shoots mature during spring and early summer.
- The decumbent vegetative shoots have nodes, which are covered by whorls of tiny leaves. Whorls of branches surround the tiny leaves, one whorl on each node.
- It does not have any flowers. Cone-like strobili contain many sporangia which produce spores.
- It can be commonly found in wet and humid regions of Svalbard.

한국어

- 이 식물의 속명은 '말'을 뜻하는 라틴어 equis와 '억센 털'을 뜻하는 seta에서 유래했다. 종소명은 '들판', 아종명은 '산에서 자란다'는 뜻이다.
- 영양줄기는 초록색, 생식줄기는 갈색을 띈다. 생식줄기는 봄에서 이른 여름 사이에 성숙한다.
- 영양줄기는 마디가 뚜렷하게 구분되며, 마디에서 작은 잎이 난다. 각 마디마다 여러 개의 가지가 층을 이루며 작은 잎을 둘러싼다.
- 꽃이 없고, 생식줄기 끝에 있는 솔방울 모양의 포자낭수에서 포자가 만들어진다.
- 스발바르의 축축하고 습한 곳에서 쉽게 볼 수 있다.

中文

- 属名来自拉丁语Equis意思是"马"，seta意思是"刚毛"。物种类名称的意思是"田地"，物亚种的名字意思是"在山上生长"。
- 营养枝是绿色的，生殖枝是棕色的。繁殖芽在春季和初夏成熟。
- 倾斜的营养枝具有被小叶子轮覆盖的节点。分枝的轮生体被微小的叶子围绕着，有几个在最上面。
- 没有花。锥状的孢子叶球含有许多形成孢子的孢子囊。
- 在斯瓦尔巴群岛的潮湿的地方很常见。

Equisetaceae

Equisetum scirpoides Michx.

N Dvergsnelle **E** Dwarf Horsetail **한** 좀속새 **中** 蔺木贼

Norsk

- Slektsnavnet kommer fra det latinske equis som betyr "hest" og seta som betyr "børste", mens artsnavnet betyr "ligner *Scirpus*" (= sivaks).
- Eviggrønne, tynne, forgrenete skudd uten greiner i kranser.
- De ørsmå bladtennene ved hvert ledd løper ut i en tynn spiss, av og til brukket av, mens de er trekantede hos den lignende fjellsnelle (*E. variegatum*).
- Den har ingen blomst, men veldig små, mørke, og endestilte, sporeproduserende aks.
- Spredt over Spitsbergen og Bjørnøya, men er ikke vanlig. Den er også observert i Xinjiang i Kina og i de nordlige fjellene på den koreanske halvøya.

English

- The genus name is derived from the Latin word equis meaning 'horse' and seta meaning 'bristle'. The species name means 'similar to *Scirpus* (= club-rush)'.
- It is thin and evergreen. The shoots have no branches.
- The tiny leaves near each node end in a filiform apex, whereas they are triangular in the similar *E. variegatum* (variegated horsetail).
- It does not have any flowers. Spore-producing strobili are very small and dark.
- It is widely distributed across Spitsbergen and Bjørnøya but is not common. It is also found in Xinjiang, China and the northern mountains of the Korean peninsula.

한국어

- 이 식물의 속명은 '말'을 뜻하는 라틴어 equis와 '억센 털'을 뜻하는 seta에서 유래했다. 종소명은 '고랭이속 식물과 닮았다'는 뜻이다.
- 식물체는 가늘고 상록성이다. 줄기에 가지가 없다.
- 마디에 나는 작은 잎은 끝이 가는 실 모양이다. 이와 비슷한 식물인 얼룩속새는 잎이 삼각형이다.
- 꽃이 없고, 포자를 만드는 포자낭수는 매우 작고 짙은 색이다.
- 스피츠베르겐 북서부 해안과 비에르뇌위아에서 분포하지만 흔하지 않다. 중국 신장지역과 한반도 북부 산간지대에서도 발견된다.

中文

- 属名来自拉丁语Equis意思是"马"，seta意思是"刚毛"。物种名称的意思是"类似于藨草属植物"。
- 很细小，常绿。芽在轮生体，没有分枝。
- 每个节点附近的小叶子在丝状顶端结束，而在类似的斑纹木贼中是三角形的。
- 没有花。孢子产生的孢子叶球非常小而且颜色暗。
- 广泛分布在斯匹次卑尔根岛和熊岛，但不常见。在新疆和朝鲜半岛的北部山区也有观察到。

Cystopteridaceae

Cystopteris fragilis (L.) Bernh.

N Skjørlok **E** Brittle Bladder-fern **한** 한들고사리 **中** 冷蕨

Norsk

- Slektsnavnet kommer fra det greske kystos som betyr "blære" og pteris som betyr "bregne", mens artsnavnet betyr "skjør".
- Flere blad fra en felles jordstengel.
- Tynne blad delt inn i mange parvise småfinner.
- Den har ingen blomst. Sporehus sitter i grupper (sori) på undersida av bladene.
- Spredt i fjordstrøkene på Spitsbergen. Den er også kjent fra fjelle i Kina og i den nordlige delen i Korea og som sjelden på Jeju-øya.

English

- The genus name is derived from the Greek word kystos meaning 'bladder' and pteris meaning 'fern'. The species name means 'fragile'.
- Several leaves grow from a single, common rhizome.
- The fragile leaves are divided into many pairs of leaflets.
- It does not have any flowers. The sporangia develop in groups (sori) on the lower surface of the leaf.
- It is scattered across the fjords of Spitsbergen. It can also be found in mountains of China, the northern regions of the Korean peninsula, and rarely in Jeju Island.

한국어

- 이 식물의 속명은 '부풀었다'는 뜻의 그리스어 kystos와 '고사리'를 의미하는 pteris에서 유래했다. 종소명은 '부서지기 쉽다'는 뜻이다.
- 여러 개의 잎이 하나의 뿌리에서 나온다.
- 잎은 쉽게 부서지고 여러 쌍의 소엽으로 갈라진다.
- 꽃이 없고, 잎 뒷면에 포자낭이 모인 포자낭군이 생긴다.
- 스피츠베르겐의 피오르에 흩어져 자란다. 중국 산간 지역과 강원도 이북, 드물게 제주도에서도 발견된다.

中文

- 属名来源于希腊语 kystos 意思是"膀胱"，pteris 意思是"蕨类植物"，物种名称意思是"脆弱"。
- 几片叶子来自普通的根茎。
- 脆弱的叶子被分成许多对小叶。
- 没有花。孢子囊在叶子的下表面上成组。
- 散布在斯匹次卑尔根的峡湾。在中国的山区和朝鲜半岛的北部地区，很少在济州岛。

Woodsiaceae

Woodsia glabella R. Br. ex Richardson

🇳 Dverglodnebregne 🇬🇧 Smooth Woodsia 🇰🇷 애기가물고사리 🇨🇳 光岩蕨

🇳🇴 Norsk

- Slektsnavnet er hentet fra navnet til den engelske botanikeren Joseph Woods (1776–1864) og artsnavnet betyr "snau".
- Den er en truet art på Svalbard.
- Små, gulgrønne, snaue blad fra en felles jordstengel.
- Den har ingen blomst. Sporehus av og til utviklet på undersiden av bladene.
- Mest i sprekker på kalkrik skifer, og er veldig sjelden i Kongsfjorden (Ossian Sars-fjellet, Blomstrandøya) og Isfjorden på Spitsbergen. Den fins også i Gansu, Hebei, Jilin, Qinghai, Xinjiang og Yunnan i Kina, og i den nordlige delen av den koreanske halvøya.

🇬🇧 English

- The genus name is derived from the name of the English botanist, Joseph Woods (1776–1864), and the species name means 'glabrous'.
- It is an endangered species in Svalbard.
- Short, yellowish green and glabrous leaves grow from a single, common rhizome.
- It does not have any flowers. The sori containing the sporangia develop on the lower surface of the leaf.
- It grows mostly in crevices of calcareous schists, and is very rare at Kongsfjorden (Ossian Sars-fjellet and Blomstrandøya) and Isfjorden of Spitsbergen. It can also be found in Gansu, Hebei, Jilin, Qinghai, Xinjiang, and Yunnan of China, and the northern regions of the Korean peninsula.

🇰🇷 한국어

- 이 식물의 속명은 영국의 식물학자 Joseph Woods(1776~1864)의 이름에서 유래했고 종소명은 '털이 없다'는 뜻이다.
- 스발바르에서 멸종위기종이다. 다른 이름으로 큰솜털고사리라고도 한다.
- 황록색의 털이 없는 짧은 잎이 하나의 뿌리에서 나온다.
- 꽃이 없고, 잎 뒷면에 포자낭이 모인 포자낭군이 생긴다.
- 대개 석회질 편암 틈새에서 자라고 스피츠베르겐 Isfjorden과 Kongsfjorden(Ossian Sars-fjellet, Blomstrandøya)에서만 드물게 관찰된다. 중국의 간쑤, 하북, 길림, 칭하이, 신강, 윈난과 한반도 북부 지역에서도 볼 수 있다.

🇨🇳 中文

- 属名来自英国植物学家Joseph Woods(1776-1864)，物种名称意思是"无毛"。
- 斯瓦尔巴群岛的一种濒危物种。
- 短而黄绿色，无毛的叶子来自同一根茎。
- 没有花。含有孢子囊的芽孢囊群在叶子的下表面上发育。
- 大多生长在钙质片岩的裂缝中，在Kongsfjorden（Ossian Sars-fjellet和Blomstrandøya）和Isfjorden非常罕见。在中国的甘肃，河北，吉林，青海，新疆，云南，和朝鲜半岛的北部地区也。

Magnoliophyta

Blomsterplanter
속씨식물문
被子植物門

Cyperaceae

Carex fuliginosa Schkuhr ssp. *misandra* (R.Br.) Nyman

N Dubbestarr **E** Shortleaved Sedge **한** 얼룩사초 **中** 苔草属植物

Norsk

- *Carex* var et plantenavn hos den romerske poeten Vergil (70–19 f.Kr.). Artsnavnet betyr "sotfarget" og underartsnavnet "mangler hannblomster".
- Danner faste tuer der skuddene er vridde.
- Grove bladkanter, gulbrune bladspisser, og blad orientert i tre retninger.
- Mange små blomster dannet i 2-4 nikkende, mørke småaks. Hannblomster som hengende støvknapper (borte på slutten av sesongen) ved basis av de øverste småaksene. Blomsterstengelen er trekanta i tverrsnitt hos starr, i motsetning til rund hos gress.
- Vanlig på kalkrik, tørr og halvtørr tundra på Spitsbergen og litt på Nordaustlandet.

English

- The genus name, *Carex* is known to have been used by the Roman poet, Vergil (70–19 BC) for a plant name. The species name means 'sooty', and the subspecies name means 'lacking male flowers'.
- It forms dense tussocks where the robust shoots appear twisted.
- The margin of the leaves are rough, the apices are yellowish brown, and the leaves are oriented in three directions.
- Numerous small flowers develop on 2-4 dark spikelets which are nodding. The anthers protrude from the male flowers which develop at the bases of the upper spikelets. The flowering stalk is triangular in circumscription on sedges, as opposed to circular on grasses.
- It is common on dry and mesic calcareous tundra in Spitsbergen, but rare in Nordaustlandet.

한국어

- 이 식물의 속명인 *Carex*는 로마 시인 Vergil(기원전 70~19년)이 사용한 식물 이름이다. 종소명은 '그을음', 아종명은 '수꽃이 부족하다'는 뜻이다.
- 억센 줄기가 휘어서 모여 나오며 뭉쳐서 다발을 이룬다.
- 잎은 가장자리가 거칠고 끝부분이 누런 갈색이며 세 방향으로 나온다.
- 수많은 작은 꽃이 2~4개의 짙은색 이삭에 핀다. 위쪽에 난 이삭의 아랫부분에 수꽃이 피는데 개화 시기 끝 무렵에 꽃밥이 꽃밖으로 밀려나온다. 꽃대는 삼각형이고 식물체 바깥쪽에서 올라온다.
- 스피츠베르겐의 건조하거나 습기가 적당한 석회 툰드라에서 흔하게 볼 수 있고, 노르아우스틀라네에서 드물게 볼 수 있다.

中文

- *Carex*是罗马诗人维吉尔(公元前70-19年)使用的植物名称。物种类名称的意思是"乌黑",亚种名称的意思是"缺少雄花"。
- 茎弯曲并聚集在一起形成一束。
- 叶子的边缘粗糙,叶子的尖端是黄棕色的,朝向三个方向。
- 许多小花开在2-4个黑色的小穗上。花药从雄花中伸出,雄花在上部小穗的基部发育。开花茎是三角形的,而不是在草中的圆形。
- 常见于斯匹次卑尔根的干燥和中型钙质苔原,罕见于和东北地。

Cyperaceae

Eriophorum scheuchzeri Hoppe ssp. *arcticum* Novoselova

N Polarsnøull   E Arctic Cottongrass   한 북극황새풀   中 羊胡子草亚种

Norsk

- Slektsnavnet er sammensatt av det greske erion som betyr "ull" og phoros som betyr "bærende", artsnavnet er hentet fra navnet til den sveitsiske botanikeren Johann Scheuchzer (1684–1738), og underartsnavnet betyr "arktisk".
- Den har et enkelt, stort og kulerundt småaks av hvite ullhår som sitter på frøene.
- Basisbladene er smale og glatte.
- Blomstene er biseksuelle. Takket være de lange, hvite hårene sprer frøene seg med vinden.
- Vanlig i våte områder på Svalbard, men ikke på Bjørnøya.

English

- The genus name is composed of the Greek word erion meaning 'wool' and phoros meaning 'bearing'. The species name is derived from the name of Swiss botanist, Johann Scheuchzer (1684–1738), and the subspecies name means 'Arctic'.
- It has a single, globular, terminal spike full of white, woolly hairs attached to the seeds.
- Basal leaves are narrow and smooth.
- The flowers are bisexual. Thanks to the white hairs, the seeds disperse with the wind.
- It is common in wet areas of Svalbard, but not on Bjørnøya.

한국어

- 이 식물의 속명은 그리스어로 '양털'을 뜻하는 erion과 '가진다'는 뜻의 phoros를 합친 것이다. 종소명은 스위스 식물학자 Johann Scheuchzer(1684~1738)의 이름에서 유래했고, 아종명은 '북극'을 뜻한다.
- 씨앗이 달린 흰색의 솜털로 가득한 이삭 하나가 줄기 끝에 달린다.
- 아래쪽 잎은 가늘고 매끄럽다.
- 꽃은 양성화이다. 흰색의 털 덕분에 씨는 바람을 타고 널리 퍼질 수 있다.
- 습지에서 자라고 비에르뇌위아를 제외한 스발바르 전역에서 흔히 볼 수 있다.

中文

- 由希腊语erion组成的属名意思是"羊毛"，phoros意思是"承载"。物种类名称来自苏黎世的Johann Scheuchzer教授(1684-1738)，亚种名称的意思是"北极"。
- 有一个球状的末端长刺，上面满是附着种子的白毛。
- 基生叶狭窄而光滑。
- 花雌雄同体，种子依仗白毛可以通过风传播。
- 除了熊岛之外，在斯瓦尔巴群岛的潮湿地区很容易观察到。

Juncaceae

Luzula confusa Lindeb.

N Vardefrytle E Northern Woodrush 한 북극꿩의밥 中 地杨梅属植物

Norsk

- S? Slektsnavnet kan stamme fra det latinske lux som betyr "lys" eller det italienske lucciola som betyr "skinne", og navnet ble brukt om frytler allerede i 1561. Artsnavnet betyr "feiltolket".
- Danner tette tuer med en karakteristisk, dominerende, rødbrun farge og stive, opprette blomsterstilker.
- Bladene er smale og renneformete, gressgrønne i yngre deler og rødbrune i eldre.
- Akset er mørkebrunt med hvite arrfliker, med smalt støtteblad under, og består av flere tettstilte og ofte noen få langstilkete småaks.
- Dominerende, men kun på kalkfattig tundra på Svalbard.

English

- S? The genus name is derived from the Latin word lux meaning 'light' or the Italian word lucciola meaning 'shine.' The name was used to refer to woodrushes as early as 1561. The species name refers to its once 'confused' identity.
- It forms dense tussocks with dominating, characteristic, reddish brown colour, and with erect stalks.
- The leaves are narrow and channeled, grass-green in young parts and reddish brown in older ones.
- The spike is dark brown with white stigmas, supported by a small stipule, and consists of some densely clustered spikelet and often some with long peduncles.
- It dominates on acidic tundra regions in Svalbard.

한국어

- S? 이 식물의 속명은 라틴어 '빛(lux)' 또는 이태리어 '빛나다(lucciola)'에서 유래했고, 1561년에 이미 꿩의밥 식물에 사용되었다. 종소명은 이 식물의 정체가 '혼동된다'는 것을 나타낸다.
- 잎은 적갈색이고 곧은 줄기가 뭉쳐나서 다발을 이룬다.
- 잎은 좁고 홈이 있으며, 어린 잎은 초록색이나 오래된 잎은 적갈색이다.
- 이삭은 다소 뭉쳐서 나고 짙은 갈색이며 흰색의 암술머리가 있고 턱잎이 받쳐준다.
- 스발바르의 산성 툰드라에서 우점한다.

中文

- S? 属名可以源自拉丁语lux意思是"光"或意大利语lucciola意思是"光泽",已经在1561年用于地杨梅属植物。物种名称表明其身份已被混淆。
- 有许多红棕色的叶子,直茎簇生成束。
- 叶子狭窄且有凹槽,幼叶是绿色的,老叶是红棕色的。
- 穗状花序为深褐色有白色柱头,由小托盘支撑,由一些密集的小穗组成,通常有一些长花序梗。
- 在斯瓦尔巴群岛的酸性苔原上占主导地位。

Poaceae

Alopecurus ovatus Knapp

N Polarreverumpe **E** Polar Foxtail **한** 산뚝새풀 **中** 看麦娘属植物

Norsk

- Slektsnavnet er et sammensatt ord av "rev" og "hale", og artsnavnet betyr "egg-formet".
- Med blomsterstengel er polarreverumpe en påfallende gressart, ellers er den lett oversett.
- Bladene på de fertile skuddene er motsatte, breie og blågrønne.
- Et tett, silkehåret og kort aks er svært karakteristisk.
- Den vokser på fuktige steder, særlig langs elver og små innsjøer og ved foten av fuglefjell, og er ofte en pionerplante på forstyrrete steder. Den er vanlig over hele Svalbard.

English

- The genus name is a compound word of 'fox' and 'tail', and the species name means 'egg-shaped'.
- It is easy to spot when it produces a flowering stalk, otherwise, it is easily overlooked.
- The leaves of the flowering stalk are alternate, broad, and blue-green.
- A short, dense spike with many soft hairs is characteristic.
- It grows in moist places, particularly along rivers and small lakes and at the foot of bird cliffs, often as a pioneer plant in disturbed sites. It is common throughout Svalbard.

한국어

- 이 식물의 속명은 '여우꼬리', 종소명은 '달걀 모양'이라는 뜻이다.
- 꽃대가 나오면 보다 눈에 잘 뜨이나 그렇지 않으면 구분하기 쉽지 않다.
- 꽃대 잎은 어긋나고 넓으며 짧고 청록색이다.
- 꽃대 끝에 달걀 또는 작은 방망이 모양의 이삭이 하나 달리는데, 이삭은 색이 연하고 조밀하며 부드러운 털이 많다.
- 습한 곳이나 철새가 사는 절벽 아래에서 잘 자라며, 교란 지대에서 주요 1차 개척자로 살아간다. 스발바르 전역에서 쉽게 볼 수 있다.

中文

- 属名是一个"狐狸"和"尾巴"的复合词，物种类名称的意思是"蛋形"。
- 当它产生开花的茎时相当显眼，否则容易被忽视。
- 叶子交替而平坦，背部中央的静脉突出。
- 在花序梗的末端有一个鸡蛋形的穗，有柔软、密集的白毛。
- 生长在潮湿的地方，特别是沿着河流和小湖泊以及鸟类聚集的悬崖脚下，受干扰地区的主要先驱植物。在斯瓦尔巴群岛各地广泛分布。

Poaceae

Poa alpina var. *vivipara* L.

N Fjellrapp **E** Alpine Meadow-grass **한** 고산포아풀 **中** 高山早熟禾品种

Norsk

Slektsnavnet ble brukt om "gress" eller "fôrgress" allerede av Homer i det gamle Hellas, 800 år f.Kr. Artsnavnet betyr "hører til i fjell", og varietetsnavnet betyr "føder levende unger".

Den danner myke, grønne tuer.

Bladspissene er båtformete.

De fiolette småaksene har frø som spirer til småplanter uten krysspollinering mens de er på morplanten. Disse 'vivipare' yngleknoppene faller av og blir til nye planter.

Vanlig på fuktige steder over hele Svalbard.

English

The genus name was used to signify 'grass' or 'fodder-grass' by Homer in ancient Greece 800 BC. The species name means 'belonging in mountains', and the variety name means 'giving birth to living offspring'.

It forms soft, green tussocks.

The apices of the leaves are boat-shaped.

The violet spikelets have seeds which germinate on the plant without cross-fertilization to become small, green plantlets. These 'viviparous' bulbils fall off and become new plants.

It is common in moist sites all over Svalbard.

한국어

이 식물의 속명은 '풀'이나 '건초사료'라는 뜻으로 고대 그리스에서 이미 기원전 800년에 호머가 사용했다. 종소명은 '산에 속한다', 변종명은 '식물체에서 어린 식물이 자란다'는 뜻이다.

식물체는 초록색의 부드러운 다발을 이룬다.

잎은 끝부분이 배 모양이다.

자주색 이삭에는 수정 없이 만들어진 씨가 달리는데, 이 씨는 식물체 위에서 작은 식물로 발아하며, 땅에 떨어져 새로운 식물로 자란다.

스발바르 전역의 습한 곳에서 널리 분포한다.

中文

该属名称用于荷兰古希腊公元前800年的"草"或"饲草"。种类名称的意思是"属于山区",品种名称意味着"幼植物在植物上生长"。

它有直立的茎。

叶子留在茎的底部。

在两个短茎上形成红紫色小穗。

广泛分布在斯瓦尔巴群岛的中部地区。

Papaveraceae

Papaver dahlianum Nordh.

N Svalbardvalmue **E** Svalbard Poppy **한** 스발바르양귀비 **中** 罂粟属植物

Norsk

- Slektsnavnet ble brukt om "opiumsvalmue" allerede av romerne, og artsnavnet hedrer den norske botanikeren Ove Dahl (1862–1940).
- Stor plante med rosetter av myke, blågrønne blad, og bøyde, lange stilker med store, parabolformete blomster som følger solen.
- Bladene, stenglene og begerbladene har gulaktige hår, mens kapslene har svarte, stive hår.
- Blomstene oftest hvite med gradvis overgang til gult i midten, men rent gule former er også vanlige. Fire kronblad, og to, store begerblad som felles tidlig. Gulgrønne arrstråler danner en slags krone på toppen av den tønneformete kapselen.
- En høy-arktisk art vanlig på hele Svalbard, særlig i polarørken på fjellplatåene.

English

- The genus name was used to signify 'opium poppies' by the Romans, and the species name commemorates the Norwegian botanist, Ove Dahl (1862–1940).
- It is a large plant with rosettes of soft, blue-green leaves, and a curved, long stem. The parabol-shaped flower follows the sun.
- The leaves, the stem, and the sepals have yellowish hairs, whereas the capsules have stiff, black hairs.
- The flower with four petals are mostly white and gradually yellow towards the center, but it is common for them to be entirely yellow. Two large sepals are shed early. Radiating yellow-green stigmas form a crown-like structure on top of the barrel-shaped capsule.
- As a high Arctic species common throughout Svalbard, it is particularly widespread in polar deserts on the mountain plateaus.

한국어

- 이 식물의 속명은 고대 로마에서 '아편 양귀비'에 사용된 이름이고, 종소명은 노르웨이 식물학자 Ove Dahl(1862~1940)의 이름에서 유래했다.
- 부드러운 청록색의 로제트 잎과 길고 휘어진 줄기를 가진 비교적 큰 식물이다. 접시 모양의 꽃은 태양을 따라 회전한다.
- 잎, 줄기, 꽃받침에는 누런색 털이 있으나, 열매에는 검은빛의 뻣뻣한 털이 있다.
- 꽃은 주로 흰색이며 꽃잎은 4개이고 가운데 쪽으로 점차 노랗게 변해간다. 꽃 전체가 노란색인 경우 흔하다. 꽃받침조각 2개가 일찍 진다. 바퀴살 모양의 노란색, 초록색 암술머리가 통 모양의 열매 위에 있다.
- 스발바르 전역에서 흔히 볼 수 있는 고위도 북극 식물로, 특히 산 정상의 극지 사막에 분포한다.

中文

- 属名称被罗马人用于"鸦片罂粟",物种名称是为了纪念挪威植物学家Ove Dahl(1862-1940)。
- 一种相对较大的植物,具有柔软的绿松石莲座叶和长弯曲的茎。碟形花,跟随太阳。
- 叶子,茎和萼片有黄色的毛,但果实有黑色的硬毛。
- 花朵大多是白色的,并且朝中心逐渐变黄,但完全是黄色的形状也很常见。四个花瓣和两个大的萼片早落。辐射状黄绿色柱头在桶形胶囊顶部形成冠状结构。
- 斯瓦尔巴特群岛中常见的高极地物种,特别是在高原上的极地沙漠中。

Ranunculaceae

Ranunculus arcticus Richardson

N Fliksoleie **E** Tall Buttercup **한** 북극미나리아재비 **中** 毛茛属植物

Norsk

- Slaktnavnet betyr "liten frosk", og ble brukt om en soleie av den romerske forfatteren Plinius. Artsnavnet betyr "arktisk".
- En fuglefjellsplante med stilker som strekker seg i løpet av sesongen.
- Stengelbladene er delt inn i linjeformete fliker, mens flikene er mye breiere på basisbladene.
- Gule, opprette og ganske store blomster med fem tydelig bølgete og overlappende kronblad.
- Uvanlig, og bare ved Isfjorden, Kongsfjorden og Krossfjorden.

English

- The genus name means 'little frog' and was used to refer to buttercup by the Roman writer, Plinius. The species name means 'Arctic'.
- Below colonies of sea-birds in bird-cliffs, the stalks elongate during the growth season.
- Stem leaves are divided into linear segments, but basal leaf segments are divided much more broadly.
- A single terminal, yellow flower with five distinctly undulating and overlapping petals.
- It is uncommon, and can be seen only at Isfjorden, Kongsfjorden, and Krossfjorden of Spitsbergen.

한국어

- 이 식물의 속명은 '작은 개구리'라는 뜻으로 고대 로마 저술가 플리니우스가 미나리아재비에 사용했다. 종소명은 '북극'을 뜻한다.
- 철새가 사는 절벽 아래쪽에서 볼 수 있고 생장시기에 줄기가 길어진다.
- 줄기 잎은 선 모양으로 나뉘지만 아래쪽 잎은 훨씬 넓게 나뉜다.
- 하나의 노란 꽃이 줄기 끝에 핀다. 꽃잎 5개가 겹쳐서 난다. 꽃 가운데 연두색 공 모양은 여러 개의 심피가 모인 것이다.
- 스피츠베르겐의 Isfjorden, Kongsfjorden, Krossfjorden에서만 볼 수 있으며, 흔하지 않다.

中文

- 该属名称的意思是"小青蛙"，被罗马作家普林尼斯用于毛茛。物种类名称的意思是"北极"。
- 从候鸟栖息的悬崖的底部可以看到，茎在生长时长得更长。
- 茎叶被一条线分开，基部叶片更宽。
- 黄色直立的花有五个明显起伏和重叠的花瓣。
- 不常见，只有在斯匹次卑尔根岛的 Isfjorden, Kongsfjorden, Krossfjorden。

Ranunculaceae

Ranunculus hyperboreus Rottb. ssp. *arnellii* Scheutz

N Tundrasoleie E Tundra Buttercup 한 북극젓가락나물 中 毛茛属植物

🇳🇴 Norsk

- Slektsnavnet betyr "liten frosk", og ble brukt om en soleie av den romerske forfatteren Plinius. Artsnavnet betyr "den nordligste", mens underarten har navn etter den svenske botanikeren Hampus Arnell (1848–1932).
- Det er den mest typiske akvatiske blomsterplanten på Svalbard, med krypende, rotslående stengler og opprette blad. Den er mer giftig enn andre soleiearter.
- Bladene er typiske og tredelte.
- Blomsten er veldig liten med kun tre gule kronblad og tre mørke begerblad.
- Den er vanlig i små dammer eller i svært våte områder på Svalbard.

🇬🇧 English

- The genus name means 'little frog' and was used to refer to buttercup by the Roman writer, Plinius. The species name means 'northernmost', and the subspecies is named after the Swedish botanist, Hampus Arnell (1848–1932).
- It is the most typical aquatic plant in Svalbard with prostrate, rooting stalks and erect leaves. It is more poisonous than other buttercups.
- Leaves have three characteristic lobes.
- The flower is very small with only three yellow petals and three dark yellow sepals.
- It is common in small ponds or in very wet areas of Svalbard.

🇰🇷 한국어

- 이 식물의 속명은 '작은 개구리'라는 뜻으로 고대 로마 저술가 플리니우스가 미나리아재비에 사용했다. 종소명은 '최북단'을 뜻하고, 아종명은 스웨덴 식물학자 Hampus Arnell (1848~1932)의 이름에서 유래했다.
- 스발바르에서 가장 일반적인 수생식물로, 기는 줄기에서 뿌리와 곧게 선 잎이 나온다. 미나리아재비속의 다른 식물보다 독성이 강하다.
- 잎은 3갈래로 갈라져 있다.
- 꽃은 매우 작고 노란색 꽃잎이 3개, 어두운 노란색 꽃받침조각이 3개 있다.
- 스발바르의 작은 연못이나 물이 고인 매우 습한 지역에서 발견된다.

🇨🇳 中文

- 该属名称的意思是"小青蛙",被罗马作家普林尼斯用于毛茛。物种类名称的意思是"最北端",亚种以瑞典植物学家汉普斯阿内尔(1848-1932)的名字命名。
- 斯瓦尔巴群岛最典型的水生植物有前列腺生根茎和直立叶。它比其他毛茛属植物更有毒。
- 叶子通常有三个主瓣。
- 花非常小,只有三个黄色的花瓣和三个深黄色的萼片。
- 在斯瓦尔巴群岛的小池塘或非常潮湿的地区很常见。

Ranunculaceae

Ranunculus nivalis L.

N Snøsoleie **E** Snow Buttercup **한** 눈미나리아재비 **中** 毛茛属植物

Norsk

- Slektsnavnet betyr "liten frosk", og ble brukt om en soleie av den romerske forfatteren Plinius. Artsnavnet betyr "ved snøfonner".
- En tidlig-blomstrende urt med myke, delvis hårete blad.
- Basisbladene er dypt innskåret i 3-5 fliker, men bladplaten har en hjerteformet basis.
- Gul blomst med fem kronblad og mørkebrune hår på begerbladene. Den grønne, kuleformete delen i midten av blomsten er små, spiralstilte nøttefrukter.
- Den er vanlig i fuktige områder på Svalbard.

English

- The genus name means 'little frog' and was used to refer to buttercup by the Roman writer, Plinius. The species name means 'near snowbanks'.
- It is an early-flowering herb with soft, partly hairy leaves.
- The basal leaves are deeply cut in 3 to 5 segments and the leaf-base is heart-shaped.
- The flower is yellow with 5 petals, and sepals are covered with dark brown hairs. The green ball in the center of the flower is a series of carpels arranged spirally and develop into nutlets.
- It is common in moist areas of Svalbard.

한국어

- 이 식물의 속명은 '작은 개구리'라는 뜻으로 고대 로마 저술가 플리니우스가 미나리아재비에 사용했다. 종소명은 '눈더미 근처'를 뜻한다.
- 꽃이 일찍 피고 잎에 부분적으로 털이 나 있다.
- 아래쪽 잎은 3~5개로 깊게 갈라지고 잎자루에 붙는 쪽은 심장 모양이다.
- 하나의 노란색 꽃이 피는데, 꽃잎은 5개이고 꽃받침은 짙은 갈색 털로 덮여 있다. 꽃 가운데 연두색 공 모양은 나선 모양으로 배열된 일련의 심피인데 작은 견과류가 된다.
- 습한 지역에서 자라며, 스발바르에서 쉽게 볼 수 있다.

中文

- 该属名称的意思是"小青蛙"，被罗马作家普林尼斯用于毛茛。物种类名称的意思是"靠近雪堆"。
- 花期早，有长着软毛的叶子。
- 基叶深切3至5段，叶基为心形。
- 一朵黄色的花有5个花瓣，萼片上覆盖着深棕色的毛。花朵中央的绿色球是一系列螺旋排列的心皮，并发展成小坚果。
- 在斯瓦尔巴群岛的潮湿地区很常见。

Ranunculaceae

Ranunculus pygmaeus Wahlenb.

N Dvergsoleie   E Pygmy Buttercup   한 난쟁이미나리아재비   中 毛茛属植物

Norsk

- Slektsnavnet betyr "liten frosk", og ble brukt om en soleie av den romerske forfatteren Plinius. Artsnavnet betyr "dvergarktig".
- Veldig liten plante som vokser i moderate snøleier.
- Grunnbladene er dypt fliket og relativt langskaftede.
- Små, gule blomster med 5 kronblad, bare 6-7 mm breie. Blomsterstilken strekker seg under frømodningen.
- Den er vanlig på Svalbard, bortsett fra i de kaldeste områdene.

English

- The genus name means 'little frog' and was used to refer to buttercup by the Roman writer, Plinius. The species name means 'dwarfish'.
- It is a very small plant restricted to moderate snow beds.
- The basal leaves are deeply divided, and relatively long-stalked.
- The flowers are only 6-7 mm wide and have 5 yellow petals. The stems elongate as the small fruits mature.
- It is common in Svalbard, except in the coldest areas.

한국어

- 이 식물의 속명은 '작은 개구리'라는 뜻으로 고대 로마 저술가 플리니우스가 미나리아재비에 사용했다. 종소명은 '작다'는 뜻이다.
- 식물체가 매우 작고, 온화하며 눈이 쌓인 곳에서 자란다.
- 아래쪽 잎은 깊게 갈라졌고 상대적으로 줄기가 길다.
- 꽃은 작아서 너비가 불과 6~7mm이고 꽃잎은 노란색이며 5개이다. 작은 열매가 익을 때 줄기가 길어진다.
- 아주 추운 지역을 제외하고 스발바르에서 쉽게 볼 수 있다.

中文

- 该属名称的意思是"小青蛙",被罗马作家普林尼斯用于毛茛。物种类名称的意思是"小"。
- 非常小的植物,仅限于适度的雪床。
- 基生叶深深分裂,相对长柄。
- 花很小只有6-7毫米宽,有5个黄色的花瓣。当小果实成熟时茎伸长。
- 在斯瓦尔巴群岛很常见,除了最寒冷的地区。

Magnoliophyta

Ranunculaceae

Ranunculus sulphureus Sol.

N Polarsoleie   E Sulphur Buttercup   한 유황미나리아재비   中 毛茛属植物

Norsk

- Slektsnavnet betyr "liten frosk", og ble brukt om en soleie av den romerske forfatteren Plinius. Artsnavnet betyr "svovelgul".
- En urt med kjøttfulle, langstilkete blad i rosett.
- Basisbladene er moderat flikete og med kileforma grunn i motsetning til den hjerteformete hos snøsoleie.
- En ganske stor gul blomst med fem kronblad og begerblad med brune hår. I motsetning til hos snøsoleie har polarsoleie små, svarte, stive hår mellom fruktemnene midt i blomsten.
- Den er vanlig i fuktige områder over hele Svalbard, også i de kaldeste områdene.

English

- The genus name means 'little frog' and was used to refer to buttercup by the Roman writer, Plinius. The species name means 'sulfur yellow'.
- It is a rosette plant with thick, soft and long-stalked leaves.
- The basal leaves are moderately incised with a tapering leaf base as opposed to a cordate one in snow buttercup.
- The flower is yellow with 5 petals, and sepals are covered with brown hairs. Short, black and stiff hairs between the fruits in the center of the flower are lacking from the similar snow buttercup.
- It is common in moist areas throughout Svalbard, also in the coldest areas.

한국어

- 이 식물의 속명은 '작은 개구리'라는 뜻으로 고대 로마 저술가 플리니우스가 미나리아재비에 사용했다. 종소명은 '황(Sulfur)'을 뜻한다.
- 로제트를 이루는 아래쪽 잎은 두껍고 부드러우며 긴 잎자루를 가진다.
- 아래쪽 잎은 적당히 갈라져 있고, 잎이 잎자루에 붙는 부분은 눈미나리아재비가 심장 모양인 것과 달리 이 식물은 점점 좁아지는 모양이다.
- 꽃은 노란색, 꽃잎은 5개이고 꽃받침은 갈색 털로 덮여 있다. 뻣뻣하고 짧은 까만 털이 꽃 가운데 있는 어린 열매 사이에 있다.
- 스발바르 전역의 습한 지역에서 자라며 가장 추운 지역에서도 볼 수 있다.

中文

- 该属名称的意思是"小青蛙",被罗马作家普林尼斯用于毛茛。物种类名称的意思是"硫磺"。
- 莲座叶厚而柔软叶柄长。
- 基部叶适度分开,具有逐渐变细的叶基部而不是 *R. nivalis* 的心形叶。
- 一朵黄色的花有5个花瓣萼片上覆盖着棕色的毛发。花的中心的幼果上覆盖着短而黑的硬毛。
- 在整个斯瓦尔巴群岛的潮湿地区,在最寒冷的地区也能发现。

Caryophyllaceae

Arenaria pseudofrigida (Ostenf. & O.C.Dahl) Steffen

N Kalkarve **E** Fringed Sandworts **한** 북극벼룩이자리 **中** 蚤缀属植物

Norsk

- Slektsnavnet henviser til "sand", mens artsnavnet betyr "falsk frigida", noe som betyr at planten ligner *A. frigida*, en art fra Alpene.
- Liten puteplante som er dekt av hvite blomster om sommeren.
- Bladene er små, motsatte, glatte og eggformete.
- De hvite blomstene er relativt store for en slik liten plante og har vaniljeduft. Blomsten har 5 kronblad, 3 hvite arr og 10 hvite støvbærere.
- Vokser i åpen grus i sentrale og nordvestre fjordstrøk av Spitsbergen, men bare på kalkrik jord.

English

- The genus name refers to 'sand'. The species name means 'false frigida', meaning that it is similar to *A. frigida*, a species from the Alps.
- It is a small cushion plant covered by white flowers during the summer.
- The leaves are small, opposite, egg-shaped, and without hairs.
- The white flowers are relatively large for a small plant and have a vanilla scent. The flower has 5 petals, 3 white stigmas, and 10 white stamens.
- It grows on open gravel in central and northwestern fjord regions of Spitsbergen, but only on calcareous soils.

한국어

- 이 식물의 속명은 '모래'를 뜻하고, 종소명은 알프스 산맥의 *A. frigida*와 비슷한 '가짜 프리지다'라는 뜻이다.
- 작은 방석 모양으로 뭉쳐 나며 여름에 흰색 꽃으로 뒤덮인다.
- 잎은 작고 마주 나며 털이 없고 달걀 모양이다.
- 작은 식물에 비해 꽃은 상대적으로 크고 흰색이며 바닐라 향이 난다. 꽃잎은 5개, 흰색의 암술머리 3개, 흰색의 수술이 10개 있다.
- 스피츠베르겐 중부 및 북서부 피오르의 자갈이 많은 지역에서 자라되 석회질 토양에서만 자란다.

中文

- 属名称的意思是"沙子"。 物种名称的意思是"假frigida"，这意味着它类似于*A. frigida*，一种来自阿尔卑斯山的物种。
- 合成一个小垫子，在夏天被白色的花朵覆盖。
- 叶子小，对生，无毛，蛋形。
- 白色花朵对于小植物来说相对较大并且具有香草味。花有5个花瓣3个白色柱头和10个白色雄蕊。
- 生长在斯匹次卑尔根的中部和西北部峡湾的鹅卵石地区，并且仅在钙质土壤上生长。

Caryophyllaceae

Cerastium arcticum Lange

N Tundraarve **E** Arctic Mouse-ear **한** 북극점나도나물 **中** 卷耳属植物

Norsk

- Slektsnavnet er avledet fra det greske keras som betyr "horn", og artsnavnet betyr "arktisk".
- En matte- til rosettdannende urt med påfallende blomster og langhårete blad.
- Bladene har en markert midtnerve. De står parvis motsatt, og ser du etter nærmere, ser du at de er forbundet tvers over stengelen slik de er i hele nellikfamilien.
- Den hvite blomsten har 5 relativt store kronblader som er grunt fliket, noe som gir de en hjerteform. Blomsten har 5 arr og 10 støvbærere.
- Den er veldig vanlig overalt på Svalbard, også langs veiene i Longyearbyen.

English

- The genus name is derived from the Greek word keras meaning 'horn', and the species name means 'Arctic'.
- It forms either a rosette or a mat. The elongate leaves have long hairs.
- The opposite leaves have a marked midvein. Like other Caryophyllaceae species, a closer look will show that the leaf pair is linked across the stem.
- The white flower has 5 rather large petals which are shallowly lobed, making them heart-shaped. The flower has 5 stigmas and 10 stamens.
- It is very common in Svalbard. It can be easily spotted along roadsides in Longyearbyen.

한국어

- 이 식물의 속명은 그리스어 '뿔'을 뜻하는 keras에서 유래했고, 종소명은 '북극'을 뜻한다.
- 식물체가 로제트나 다발을 이룬다. 길쭉한 잎에 긴 털이 있다.
- 잎은 마주 나고 하나의 뚜렷한 잎맥이 있다. 다른 석죽과 식물처럼 자세히 보면 마주 보는 잎이 줄기를 걸쳐 연결되어 있다.
- 꽃은 흰색, 꽃잎은 5개이며 꽃잎 끝이 얕게 2개로 갈라져 심장 모양이다. 암술머리는 5개, 수술은 10개이다.
- 스발바르 전역에 서식하며 롱위에아르비엔 길가에서 쉽게 볼 수 있다.

中文

- 属名称源自希腊语keras意思是"号角",物种类名称的意思是"北极"。
- 形成丛或束。细长的叶子上有长毛。
- 对生的叶子有明显的中脉。像其他石竹科植物种一样,仔细观察可以发现叶对在茎上结合在一起。
- 白花有5个相当大的花瓣浅裂,形成心形。花有5个柱头和10个雄蕊。
- 遍布整个斯瓦尔巴群岛,很容易在朗伊尔比恩的路边观察到。

Caryophyllaceae

Minuartia biflora (L.) Schintz & Thellung

N Tuearve E Mounntain Sandwort 한 북극개미자리 中 二花米努草

🇳🇴 Norsk

- Slektsnavnet er hentet fra navnet på den spanske botanikeren Juan Minuart (1693–1768), og artsnavnet betyr "med to blomster".
- Liten rosettplante som bare vokser i moderate snøleier.
- Bladene er lysegrønne, små, motsatte og bredt linjeformete nesten fram til bladspissen.
- En eller to små blomster på hvert skudd. Fem butte og hvite kronblad står tydelig fristilte fra hverandre.
- Vanlig på Svalbard, bortsett fra i de kaldeste områdene. Også kjent fra Xinjiang i Kina.

🇬🇧 English

- The genus name is derived from the name of the Spanish botanist, Juan Minuart (1693–1768), and the species name means with 'two flowers'.
- Small rosette plant confined to moderate snow beds.
- Leaves are bright green, small, opposite and broadly linear almost to the apex.
- One or two small flowers bloom on each stalk. Five white petals are separate and not overlapping.
- It is common in Svalbard, except in the coldest areas. It can also known from Xinjiang, China.

🇰🇷 한국어

- 이 식물의 속명은 스페인의 식물학자 Juan Minuart(1693~1768)의 이름에서 유래했고, 종소명은 '두 개의 꽃'을 뜻한다.
- 줄기가 모여 나와 로제트를 이루고, 온화하며 눈이 쌓인 곳에서 자란다.
- 잎은 마주나며 선명한 초록색이고 크기는 작으며 가늘고 길다.
- 꽃대에 하나 또는 두 개의 꽃이 달린다. 꽃잎은 흰색이고 다섯 개의 꽃잎이 서로 떨어져 있다.
- 가장 추운 지역을 제외하고 스발바르에서 흔히 볼 수 있다. 중국 신장지역에서도 자란다.

🇨🇳 中文

- 属名是由西班牙植物学家Juan Minuart(1693-1768)的名字演变的，物种类名称的意思是"两朵花"。
- 小玫瑰花植物，只生长在温和的雪地。
- 叶子对生，鲜绿色，体积小，长而薄。
- 一朵或两朵花在开花的茎上绽放。五个白色的花瓣彼此分开。
- 在斯瓦尔群岛很常见，除了最寒冷的地区。在中国新疆发现。

Caryophyllaceae

Sagina nivalis (Lindblad) Fr.

🇳 Jøkelsmåarve 🇪 Snow Pearlwort 🇰🇷 눈개미자리 🇨🇳 漆姑草属植物

Norsk

- Slektsnavnet betyr "mat til kyr", og artsnavnet betyr "ved snøfonner".
- En veldig liten rosettplante i seine snøleier, nesten uten kronblad.
- En eller flere stilker spriker ut fra en stjerneformet rosett.
- Begerbladene er mørkegrønne eller lilla, og de 4~5 svært anonyme kronbladene er hvite.
- Den er vanlig på Svalbard.

English

- The genus name means 'food for cows', and the species name means 'near snowbanks'.
- It is a tiny rosette plant in late snow beds with barely any petals.
- One or several flowering stalks grow radially from a star-like rosette.
- The sepals are dark green or purple, and the 4~5 inconspicuous petals are white.
- It is common in Svalbard.

한국어

- 이 식물의 속명은 '소가 먹는 풀'을 뜻하고, 종소명은 '눈더미 근처'를 뜻한다.
- 늦게까지 남아 있는 눈더미에서 작은 로제트를 이루며 꽃잎이 거의 없다.
- 하나 또는 여러 개의 곧은 꽃대가 별 모양의 로제트에서 방사형으로 나온다.
- 꽃받침이 짙은 녹색이나 자주색이다. 꽃잎은 흰색이고 4~5개이며 눈에 잘 뜨이지 않는다.
- 스발바르 곳곳에서 자란다.

中文

- 属名称的意思是"牛的食物",物种类名称的意思是"靠近雪堆"。
- 晚雪床中的小玫瑰花植物,几乎没有花瓣。
- 一个或几个直立的开花茎从星形玫瑰花状体径向伸出。
- 萼片是深绿色或紫色,4~5个不显眼的花瓣是白色的。
- 在斯瓦尔巴群岛各地广泛分布。

Caryophyllaceae

Silene acaulis (L.) Jacq.

N Fjellsmelle   **E** Moss Campion   **한** 북극이끼장구채   **中** 蝇子草属植物

Norsk

- Slektsnavnet er hentet fra den greske mytologiske karakteren "Silenus", og artsnavnet betyr "uten stengel".
- Det er en langlivet plante som danner store puter. Blomstene åpner seg først på sørsiden av puten, så den er faktisk et tundrakompass.
- Bladene er lysegrønne, nesten nåleformet og veldig tettstilte, mens gamle døde og brune blad akkumuleres i de indre delene av putene.
- Blomsten har 5 rosa kronblader, men hvite albinoformer opptrer av og til. Blomstene er biseksuelle eller hunnlige.
- Den er vanlig over hele Svalbard unntatt i de kaldeste delene.

English

- The genus name is derived from the Greek mythological character 'Silenus', and the species name means 'without stem'.
- It is a long-living plant that forms large cushions. As the flowers facing southward bloom first, it is sometimes known as a tundra compass.
- Leaves are bright green, almost needle-shaped and densely crowded whereas old, dead and brown leaves accumulate in the center parts of the cushion.
- The flower has 5 pink petals, but white albino forms occur occasionally. The flowers are bisexual or female.
- It is very common throughout Svalbard, except in the coldest regions.

한국어

- 이 식물의 속명은 그리스 신화의 '실레노스'에서 유래했고, 종소명은 '줄기가 없다'는 뜻이다.
- 오래 살며 방석 모양으로 자란다. 남쪽을 향한 꽃이 먼저 피어서 나침반 식물이라고도 한다.
- 잎은 선명한 녹색을 띠고 거의 바늘 모양이며 빽빽하게 난다. 식물체 중앙 부근에 갈색의 오래된 죽은 잎이 쌓인다.
- 꽃잎은 5개이며 꽃은 분홍색, 드물게 흰색 꽃이 핀다. 꽃은 양성화 또는 암꽃이다.
- 가장 추운 지역을 제외하고 스발바르 전 지역에서 아주 흔하게 볼 수 있다.

中文

- 属名源自希腊神话人物Silenus，物种类名称的意思是"无茎"。
- 长寿植物。形成大垫子。花朵首先在垫子的南侧开放，就像苔原指南针一样。
- 叶子是鲜绿色的几乎呈针状密集拥挤，而老的棕色的死叶积聚在中央部分。
- 花有5个粉红色的花瓣，但偶尔会出现白色的白化形式。花是双性或雌性的。
- 在斯瓦尔巴群岛非常普遍，除了最寒冷的地区外。

Caryophyllaceae

Silene involucrata (Cham. & Schltdl.) Bocquet ssp. *furcata* (Raf.) V.V.Petrovsky & Elven

N Polarjonsokblom **E** Artic White Campion **한** 흰풍선장구채 **中** 蝇子草属植物

Norsk

- Slektsnavnet er hentet fra den greske mytologiske karakteren "Silenus", artsnavnet betyr "med støtteblader rundt blomstene", og underartsnavnet 'gaffelgrenet'.
- Blomstene er opprette og har oppblåste begre, der fem hvite eller svakt rødfiolette kronblader stikker ut på toppen.
- Basisbladene er avlange, mens stengelbladene er smalere og står parvise uten bladstilker.
- Begeret er lysegrønt tiltil lysfiolett med mørkfiolette nerver.
- På kalkrik grusjord og rasmarker i sentrale fjordstrøk på Spitsbergen.

English

- The genus name is derived from the Greek mythological character 'Silenus'. The species name means 'with a stipule around the flowers', and the subspecies name means 'furcate'.
- The flowers are erect and have an inflated calyx, which veil the lower part of 5 white or pale violet petals.
- Basal leaves are long and elliptical. The flowering stalks have 2-3 pairs of opposite, sessile leaves.
- The calyx is pale green to light purple with dark violet veins.
- It can be found in calcareous gravelly habitats in central fjord regions of Spitsbergen.

한국어

- 이 식물의 속명은 그리스 신화의 '실레노스'에서 유래했다. 종소명은 '꽃을 둘러싼 총포'를 뜻하며, 아종명은 '두 갈래로 갈라진'을 뜻한다.
- 꽃은 곧게 나고 꽃받침이 부풀어서 5개의 흰색 또는 옅은 보라색 꽃잎을 가린다.
- 아래쪽 잎은 긴 타원형이다. 꽃대에 잎자루가 없는 잎이 2~3쌍 마주 난다.
- 꽃받침은 흐린 연두색과 밝은 자주색을 띠며 짙은 보라색 줄무늬가 있다.
- 스피츠베르겐 중부 피오르의 석회암 자갈 지역에서 볼 수 있다.

中文

- 属名源自希腊神话人物Silenus，物种类名称的意思是"在花朵周围有一个架子"，亚种名称的意思是"分叉"。
- 花是直立的有一个膨胀的花萼，隐藏在5个白色或淡紫色花瓣的下部。
- 基生叶长椭圆形。开花的茎有2-3对没有叶柄的对生叶。
- 花萼为淡绿色至浅紫色，有深紫色条纹。
- 生长在斯匹次卑尔根中部峡湾地区的钙质砾石地。

Caryophyllaceae

Silene uralensis (Rupr.) Bocquet ssp. *arctica* (Th.Fr.) Bocquet

N Polarblindurt **E** Polar Campion **한** 북극풍선장구채 **中** 蝇子草属植物

Norsk

- Slektsnavnet er hentet fra den greske mytologiske karakteren 'Silenus', artsnavnet betyr 'fra Uralfjellene i Russland', og underartsnavnet "arktisk".
- Blomsten ser ut som en ballong på grunn av det sterkt oppblåste begeret som er lyst med fiolette nerver. Begeret er enda mer oppblåst enn hos polarjonsokblom, og blomstrene er nedbøyde, men kapselen retter seg opp.
- Stengel og beger med lange hår.
- De 5 kronbladene er lyst lilla og stikker bare litt ut av begeret.
- Vanlig på fuktig tundra på Svalbard, men mangler på Bjørnøya.

English

- The genus name is derived from the Greek mythological character 'Silenus'. The species name means 'from the Ural Mountains in Russia'. The subspecies name means 'Arctic'.
- The flower looks like a balloon due to the inflated calyx, which is pale with purple veins. The calyx is more inflated than in *S. furcata*, and the flowers are nodding, although the capsule becomes erect when mature.
- The stalks and calyxes have long hairs.
- Only a small part of the pale violet petals protrude from the calyxes of the singly borne, terminal flowers.
- It is common in moist tundra regions of Svalbard, but not on Bjørnøya.

한국어

- 이 식물의 속명은 그리스 신화의 '실레노스'에서 유래했다. 종소명은 '러시아 우랄산맥', 아종명은 '북극'을 뜻한다.
- 꽃받침은 풍선처럼 부풀어 있으며 보라색 줄무늬가 있다. 흰풍선장구채보다 꽃받침이 더 부풀어 있고 꽃이 끄덕거리지만 성숙하면 곧게 선다.
- 줄기와 꽃받침에 긴 털이 있다.
- 꽃대 끝에 하나의 꽃이 피며, 5개의 꽃잎은 흰풍선장구채에 비해 크기가 작고 옅은 보라색이다.
- 습지에서 자라고 비에르뇌위아를 제외한 스발바르 전역에서 흔히 볼 수 있다.

中文

- 属名源自希腊神话人物Silenus，物种类名称的意思是"俄罗斯的乌拉尔山脉"。亚种名称的意思是"北极"。
- 花萼膨胀，花朵看起来像一个气球，花萼苍白的紫色脉。花萼比*S. furcata*更加膨胀，花朵下垂，然胶囊在成熟时变得直立。
- 茎和花萼有长毛。
- 一朵花在花序梗的顶端开花，五瓣花瓣比白色气球小，浅紫色。
- 除了熊岛之外，常见于斯瓦尔巴群岛的潮湿苔原。

Caryophyllaceae

Stellaria humifusa Rottb.

[N] Ishavsstjerneblom [E] Saltmarsh Starwort [한] 북극별꽃 [中] 繁缕属植物

Norsk

- Slektsnavnet kommer fra latinsk stella som betyr "stjerne", og artsnavnet betyr "ligger på bakken".
- Matteformet plante på strandenger.
- Bladene er snaue, små og korte, og blir fort brunaktige, noe som gir planten et spesielt preg. Noen blad danner små eggformete yngleknopper i skuddspissene.
- Den stjerneformete blomsten har 5 hvite kronblader og påfallende støvknapper. Kronbladene er fliket nesten til basis, slik at det ser ut som de er 10.
- Vanlig over store deler av Svalbard.

English

- The genus name comes from the Latin stella meaning 'star', and the species name means 'laying on the ground'.
- It is a mat-forming herb on Arctic salt marshes.
- The leaves have no hairs, are small and short. It is characteristic of the species to soon turn brownish. Some leaves develop into an egg-shaped shoot apex which functions as a vegetative propagule.
- The star-shaped flower has 5 white petals and conspicuous anthers. The petals are divided almost to the base, making them look as if they were 10.
- It is widely common across Svalbard.

한국어

- 이 식물의 속명은 라틴어 '별'에서 유래했고, 종소명은 '지면에 놓인다'는 뜻이다.
- 소금기 있는 습지에서 식물체가 다발을 이룬다.
- 잎은 털이 없으며 작고 짧다. 잎이 금방 갈색으로 변하는 것이 특징이다. 일부 잎은 달걀 모양의 정단부로 자라는데 이들은 영양 번식체 역할을 한다.
- 꽃은 별 모양이고 5개의 흰색 꽃잎과 뚜렷한 수술이 있다. 꽃잎이 거의 밑 부분까지 깊게 갈라져서 마치 꽃잎이 10개인 것처럼 보인다.
- 스발바르 전역에서 볼 수 있다.

中文

- 属名来源于"明星", 物种类名称的意思是"躺在地上"。
- 在北极盐沼上形成垫子的草本植物。
- 叶子无毛, 小而短。它的特点是叶子很快变成褐色。一些叶子发育成一个卵形的茎尖, 起到营养繁殖的作用。
- 星形花有5个白色的花瓣和明显的雄蕊。花瓣几乎裂开到基部, 看起来像10个花瓣。
- 在斯瓦尔巴群岛各地广泛分布。

Caryophyllaceae

Stellaria longipes Goldie

N Snøstjerneblom **E** Longstalk Starwort **한** 툰드라별꽃 **中** 繁缕属植物

Norsk

- Slektsnavnet kommer fra latinsk stella som betyr "stjerne", og artsnavnet betyr "med lang fot".
- Plante med blågrønne, snaue blad, ofte også med stråfargete, døde blad fra tidligere år.
- Bladene er spisse og lansettformede, og tydelig parvise.
- Blomsten har 5 hvite kronblader, fliket nesten til basis, slik at de ser ut som 10.
- Den er vanlig over hele Svalbard, unntatt Hopen og Bjørnøya.

English

- The genus name comes from the Latin stella meaning 'star', and the species name means 'with a long foot'.
- The leaves are blue-green and without hairs. The dead, straw-colored leaves that developed in the previous year often remain on the stalk.
- The leaves are acute and lancet-shaped and in distinct pairs.
- The flower has 5 white petals, which are divided almost to the base, making them look like 10.
- It is common all throughout Svalbard, except on Hopen and Bjørnøya.

한국어

- 이 식물의 속명은 라틴어 '별'에서 유래했고, 종소명은 '긴 발을 가진'을 뜻한다.
- 잎은 청록색이며 털이 없다. 작년에 자랐던 잎이 죽어서 누런색을 띠며 줄기에 남아있다.
- 잎은 다육성이고 날카로운 창 모양이며 쌍을 이루고 있다.
- 꽃잎은 5개, 흰색이며 거의 밑 부분까지 깊게 갈라져서 꽃잎이 10개인 것처럼 보인다.
- 호펜과 비에르뇌위아를 제외한 스발바르 어디서나 볼 수 있다.

中文

- 属名源自"明星",物种类名称的意思是"长脚"。
- 叶子是蓝绿色没有毛。去年生长的死掉的稻草色叶子留在茎上。
- 叶子是锐尖的,柳叶状的,成对的。
- 花有5个白色的花瓣,花瓣几乎裂开到基部,看起来像10个花瓣。
- 除了希望岛和熊岛之外,整个斯瓦尔巴都很常见。

Polygonaceae

Bistorta vivipara (L.)S.F. Gray

N Harerug E Alpine Bistort 한 씨범꼬리 中 珠芽拳参

Norsk

- Slektsnavnet betyr "vridd to ganger", og artsnavnet betyr "føder levende unger".
- Hvite eller rosa blomster på den øvre delen av blomsterstilkene, og røde eller mørkerøde yngleknopper nedenfor.
- Bladene er avlange og tilspissede, og arten har en næringsrik rotknoll som er spiselig.
- Yngleknoppene er tofargete og pollenbærerne stikker ut av blomsten.
- Den er vanlig over hele Svalbard ogt vokser også på fjellene i Kina og på Baekdu-fjellet på den koreanske halvøya.

English

- The genus name means 'twisted twice', and the species name means 'giving birth to living offspring'.
- White or pink flowers on the upper part of the flowering stalks, and red or dark red bulbils below.
- The leaves are elongate and pointed, and the corm is nutrient-rich and edible.
- The bulbils are bicolored and the stigmas protrude from the flowers.
- It is common throughout Svalbard. It also grows on the mountains of China and on Baekdu Mountain in the Korean Peninsula.

한국어

- 이 식물의 속명은 '두 번 꼬인'이라는 뜻이고, 종소명은 '식물체에서 어린 식물이 자란다'는 뜻이다.
- 꽃대 위쪽에는 흰색 또는 분홍색 꽃이 피고, 그 아래쪽에 빨강 또는 검붉은 색의 무성아가 마치 씨처럼 보인다.
- 잎은 길쭉하고 뾰족하며, 땅속줄기는 영양이 풍부하고 먹을 수 있다.
- 무성아는 두 가지 색이고 암술머리는 꽃 밖으로 나온다.
- 스발바르에서 아주 쉽게 볼 수 있다. 중국 산간지역과 한반도 백두산에서도 자란다.

中文

- 属名称意思是"扭曲两次",物种类名称意味着"幼植物在植物上生长"。
- 开花茎的上部有白色或粉红色的花朵,下部有红色或深红色的球茎。
- 叶子是细长的尖的,球茎营养丰富可食用。
- 球茎是双色的,柱头从花朵突出。
- 在斯瓦尔巴群岛非常普遍。也生长在中国的山脉和长白山(白头山)。

Polygonaceae

Koenigia islandica L.

N Dvergsyre   E Iceland Purslane   한 쇠비름아재비   中 冰岛蓼

Norsk

- Slektsnavnet er etter den danske lege og misjonær Johann König (1728–1785), og artsnavnet betyr "islandsk".
- Den eneste ekte, ettårige planten på Svalbard.
- Planten er pitteliten, men vokser ofte som rødpigmenterte individ, mange sammen.
- Blomstene har tre blomsterblad og klarer å produsere ørsmå nøttefrukter uten seksuell formering i løpet av en sesong.
- Den vokser på åpen og fuktig jord på Svalbard, med unntak for i de kaldeste delene. Den vokser også i Gansu, Qinghai, Shanxi, Sichuan, Xinjiang, Xizang og Yunnan i Kina.

English

- The genus name is derived from the name of the Danish doctor and missionary, Johann König (1728–1785), and the species name means 'Icelandic'.
- The only true annual species in Svalbard.
- The plant is tiny, but often grows as red-pigmented individuals, many together.
- The flowers consist of three tepals and produce tiny nutlets without sexual propagation during a short summer season.
- It grows on open and moist soil in Svalbard, except in the coldest parts. It also grows in Gansu, Qinghai, Shanxi, Sichuan, Xinjiang, Xizang, and Yunnan of China.

한국어

- 이 식물의 속명은 덴마크의 의사이자 선교사였던 Johann König(1728~1785)의 이름에서 유래했고, 종소명은 '섬'을 뜻한다.
- 스발바르에서 유일한 일년생 식물이다.
- 식물체는 아주 작고, 종종 자라면서 붉은색을 띠며, 여러 개체가 함께 자란다.
- 꽃은 꽃잎과 꽃받침이 구분되지 않는 화피편 3개로 구성되고 짧은 여름철에 유성생식 없이 작은 견과를 만든다.
- 가장 추운 지역을 제외하고 스발바르의 습한 토양에서 자란다. 중국의 간쑤, 청해, 산서, 사천, 신강, 서장, 운남에서도 자란다.

中文

- 属名来自丹麦医生和传教士 Johann König (1728–1785)，物种类名称的意思是"岛屿"。
- 斯瓦尔巴群岛唯一真正的一年生植物。
- 植物很小经常生长为红色的个体，许多个体在一起。
- 这些花由三个无法区分的花瓣/萼片组成，在短暂的夏季不通过有性生殖而产生微小的坚果。
- 斯瓦尔巴群岛开阔湿润的土壤，除了最冷的部分。 在中国的甘肃，青海，山西，四川，新疆，西藏，云南。

Polygonaceae

Oxyria digyna (L.) Hill

N Fjellsyre **E** Mountain Sorrel **한** 나도수영 **中** 肾叶山蓼

Norsk

- Slektsnavnet kommer fra det greske oxys som betyr "syrlig", og artsnavnet betyr "med to pistiller".
- Urt med saftige, grønne, nyreformete blad. Arten danner frodige, rene bestand på sterkt gjødslete steder under krykkjekolonier i fuglefjell.
- Bladene er spiselige, har en syrlig smak på grunn av oksalsyre, og ble brukt i gjæret reinmelk av samene i Fennoskandia.
- Blomstene og de flate smånøttene er sterkt rød-pigmenterte.
- Den er vanlig på Svalbard. Den vokser også i Jilin, Liaoning, Qinghai, Shaanxi, Sichuan, Xinjiang, Xizang og Yunnan i Kina, og i de nordlige fjellene på den koreanske halvøya, inkludert fjellet Baekdu.

English

- The genus name comes from the Greek oxys meaning 'acidic', and the species name means 'with two pistils'.
- A herb with thick, green, kidney-shaped leaves. The species forms luxuriant, pure stands in strongly manured sites below kittiwake colonies in bird cliffs.
- The leaves are edible with an acidic taste due to oxalic acid and were used by the Samis in North Fennoscandia with fermented reindeer milk.
- The flowers and flat nutlets have a bold red colour.
- It is common in Svalbard. It also grows in Jilin, Liaoning, Qinghai, Shaanxi, Sichuan, Xinjiang, Xizang and Yunnan of China, and in the northern mountains of the Korean Peninsula including the Baekdu Mountain.

한국어

- 이 식물의 속명은 '시다'는 뜻의 그리스어 oxys에서 유래했고, 종소명은 '암술 두 개'라는 뜻이다.
- 잎은 두툼하고 초록색이며 콩팥 모양이다. 세가락갈매기 서식지가 있는 절벽 아래 배설물이 떨어지는 곳에서 무성하게 자란다.
- 잎은 먹을 수 있는데 옥살산이 있어 신맛이 난다. 북방 페노스칸디나비아에서 사미들이 순록 우유를 발효시킬 때 사용했다.
- 꽃과 납작한 열매는 붉은색이다.
- 스발바르에서 쉽게 볼 수 있다. 중국의 길림, 랴오닝, 칭하이, 산시, 사천, 신강, 서장, 운남에서도 발견되고 한반도 북부산간지대와 백두산에서도 자란다.

中文

- 属名来自希腊语oxys意为"酸性", 物种类名称意为"两只雌蕊"。
- 叶厚, 绿色, 肾形。只有在三环鸥栖息并排泄粪便的悬崖下, 这种植物才会蓬勃发展。
- 叶子可食用, 由于草酸而具有酸味。被居住在北部Fennoscandia的Samis用于发酵的驯鹿奶中。
- 鲜花和扁平的果实都是红色的。
- 在斯瓦尔巴群岛各地广泛分布。也生长在 它还生长在中国的吉林, 辽宁, 青海, 陕西, 四川, 新疆, 西藏, 云南, 和朝鲜半岛的北部山区和长白山(白头山)。

Saxifragaceae

Chrysosplenium tetrandrum (N.Lund) Th.Fr.

N Dvergmaigull **E** Northern Golden Saxifrage **한** 북방황금괭이눈 **中** 金腰属植物

🇳🇴 Norsk

- Slektsnavnet kommer fra det greske chrysos som betyr "gull" pluss splenos som betyr "milt", mens artsnavnet betyr "med fire støvbærere".
- De krypende stenglene danner grønne til gulgrønne matter.
- Bladene er runde til nyreformete med butte tenner.
- Blomsten har 4 frie begerblad, men ingen kronblad. Kapselen åpner seg til en splash-cup, i slekta trolig en tilpasning til spredning av frøene med regn.
- Spredt på våte steder på Svalbard, særlig i mosetundra under fuglefjell.

🇬🇧 English

- The genus name comes from the Greek chrysos meaning 'gold' and splenos meaning 'spleen', and the species name means 'with four stamens'.
- The prostrate stems form green to yellow-green mats.
- The leaves are either rounded or reniform with rounded teeth.
- The flower has 4 free sepals but no petals. The fruit develops into a flash-cup, which is probably an adaptation in the genus to the seeds getting dispersed by rain.
- It is scattered in wet places of Svalbard, particularly in moss tundra below bird cliffs.

🇰🇷 한국어

- 이 식물의 속명은 '금'을 뜻하는 그리스어 chrysos와 '비장'을 뜻하는 splenos에서 유래했고, 종소명은 '네 개의 수술'을 뜻한다.
- 기는 줄기가 초록색 또는 황록색 다발을 형성한다.
- 잎은 둥글거나 콩팥 모양이고 거치가 둥글다.
- 꽃에 4개의 꽃받침은 있으나 꽃잎은 없다. 열매는 컵 모양의 구조물 안에 만들어지는데 아마도 비에 씨앗이 튕겨져 나가는데 적응한 것 같다.
- 스발바르의 습지, 특히 새들이 사는 절벽 아래의 이끼 툰드라에서 자란다.

🇨🇳 中文

- 属名来自希腊语chrysos意思是"金",splenos意思是"脾脏",物种名称的意思是"有四个雄蕊"。
- 匍匐茎形成绿色到黄绿色的垫子。
- 叶子呈圆形,环绕着圆齿。
- 花有四个花萼,但没有花瓣。果实呈杯状,这种结构可能适合雨来传播种子。
- 分散在斯瓦尔巴群岛的湿地,尤其是鸟类悬崖下的苔原。

Saxifragaceae

Micranthes foliolosa (R. Br.) Gornall

N Grynsildre **E** Foliolose Saxifrage **한** 좀범의귀아재비 **中** 虎耳草属植物

Norsk

- Slektsnavnet kommer fra gresk mikros som betyr "liten" og anthos som betyr "blomst", og artsnavnet betyr 'med mange små blader'. Arten var tidigere i *Saxifraga*.
- Blomsterstenglene produserer mange grynaktige, aseksuelle yngleknopper som er gulgrønne eller rød-pigmenterte.
- Bladene er tilsmalnende med kileformet basis og med grove tenner mot spissen.
- Blomsten er veldig sjelden og da med 5 hvite kronblader, hvert med to gule prikker.
- Den vokser hovedsakelig i fuktige eller våte områder, spredt over Svalbard, men mangler på Bjørnøya.

English

- The genus name comes from Greek mikros meaning 'small' and anthos meaning 'flower', and the species name means 'with many small leaves'. The species was previously in *Saxifraga*.
- The flowering stalks produce many granular, asexual bulbils, which are yellow-green or red-pigmented.
- The leaves narrow towards the base with coarse teeth at the apex.
- The flower is very rare and has 5 white petals, each with two yellow dots.
- It grows mainly in moist or wet places across Svalbard, except on Bjørnøya.

한국어

- 이 식물의 속명은 '꽃'을 뜻하는 그리스어 anthos와 '작다'는 뜻의 mikros에서 유래했고, 종소명은 '작은 잎이 많다'는 뜻이다. 이전에 범의귀속 식물이었다.
- 꽃대에 황록색 또는 붉은색의 알갱이 같은 무성아가 많이 난다.
- 잎은 꼭대기에 굵은 톱니가 있고 아래로 갈수록 좁아진다.
- 꽃은 매우 드물게 피고 꽃잎은 5개, 흰색이며 꽃잎마다 노란 점 두 개가 있다.
- 주로 촉촉하고 습한 곳에서 자란다. 비에르뇌위아를 제외한 스발바르 전지역에 흩어져 있다.

中文

- 属名来自希腊语mikros意思是"小"，anthos意思是"花"，物种类名称的意思是"有许多小叶子"。该物种以前曾在虎耳草属。
- 开花的茎秆产生许多颗粒状的黄绿色或红色的无性鳞茎。
- 叶子向基部变窄，顶端有粗齿。
- 非常罕见，有5个白色的花瓣，每个花瓣有两个黄点。
- 主要生长在潮湿的地区，散布在斯瓦尔巴群岛，除了熊岛以外。

Magnoliophyta 81

Saxifragaceae

Micranthes hieracifolia Waldst. & Kit. ex Willd.

N Stivsildre E Stiff Stem Saxifrage 한 붉은범의귀아재비 中 虎耳草属植物

Norsk

- Slektsnavnet kommer fra gresk mikros som betyr "liten" og anthos som betyr "blomst", og artsnavnet betyr "med blad som Hieracium". Arten var før i *Saxifraga*.
- Rosettplante med avlange blad og veldig kraftig, håret stengel.
- Arten er octoploid, noe som betyr at hver celle har 8 kromosomsett, mens det vanlige er to. Dette kalles polyploidi, er vanlig i Arktis, og gir mulighet for høy genetisk variasjon, noe som er nyttig under variable miljøforhold.
- De sittende blomstene er grønnaktige, men ofte med rødfiolett pigmentering.
- Den er vanlig på Svalbard, men mangler på Bjørnøya.

English

- The genus name comes from Greek mikros meaning 'small' and anthos meaning 'flower', and the species name means 'with leaves like Hieracium'. The species was previously in *Saxifraga*.
- Rosette plante of elongate leaves and with a very robust, hairy flowering stem.
- The species is octoploid, meaning that each cell has 8 sets of chromosomes, whereas the normal is two. This is called a polyploidy, which is common in the Arctic, and it allows for a backup of high genetic variation, which is useful in a changing environment.
- The sessile flowers are greenish, but also often with purplish red pigmentation.
- It is common in Svalbard, except on Bjørnøya.

한국어

- 이 식물의 속명은 '꽃'을 뜻하는 그리스어 anthos와 '작다'는 뜻의 mikros에서 유래했고, 종소명은 '조밥나물속 식물의 잎'이라는 뜻이다. 이전에 범의귀속 식물이었다.
- 이 종은 염색체를 8벌 갖고 있다. 일반적인 경우는 염색체가 두 벌이지만, 북극 식물중에는 염색체를 여러 벌 갖는 배수성인 경우가 흔하다. 배수성 덕분에 식물체는 높은 유전적 변이를 가질 수 있고 이는 변화하는 환경에서 유용하다.
- 아래쪽 로제트 잎은 길고 꽃대는 억세며 털로 덮여 있다.
- 꽃은 초록색이고 꽃줄기가 없으며 종종 자주색을 띠기도 한다.
- 스발바르의 주요 섬에서 볼 수 있지만, 비에르뇌위아에서는 흔치 않다.

中文

- 属名来自希腊语mikros意思是"小"，anthos意思是"花"，物种类名称的意思是"山柳菊属的叶子"。该物种以前曾在虎耳草属。
- 下部花座叶长，具有非常健壮，有毛的花茎。
- 该物种是八倍体，意味着每个细胞有8组染色体。而正常情况是两组，这被称为多倍体，在北极地区很常见。这样可以备份高遗传变异，在变化的环境中很有用。
- 花是绿色的，没有茎，通常是紫色。
- 在斯瓦尔巴群岛很常见，但是熊岛除外。

Saxifragaceae

Micranthes nivalis L.

N Snøsildre E Snow Saxifrage 한 눈범의귀아재비 中 虎耳草属植物

 Norsk

- Slektsnavnet kommer fra gresk mikros som betyr "liten" og anthos som betyr "blomst", mens artsnavnet betyr 'ved snøfonner'. Arten var tidligere i slekten *Saxifraga*.
- Plante av rosetter, hver med en eneste hårete stengel som bærer 1-5 klynger med blomster, og 1-4 blomster i hver klynge.
- Bladkanten er grov med butte, trekantede tenner, og bladbasis er kileformet.
- Blomsten har 5 skittenhvite kronblad som kan vere litt rosapigmenterte. De hornlignende kapslene spriker rett ut, mens de er litt nedoverbøyde på den lignende, men mindre grannsildre (*M. tenuis*), der stengelen er mindre hårete.
- Vanlig på tørr tundra, berghyller og flytjord over hele Svalbard.

 English

- The genus name comes from Greek mikros meaning 'small' and anthos meaning 'flower', whereas the species name means 'near snowbanks'. The species was previously in *Saxifraga*.
- Plant of rosettes, each with a single flowering stalk producing 1-5 clusters of flowers, with 1-4 flowers in each cluster.
- The leaf margin is rough with obtuse, triangular teeth, and the leaf base is cuneate.
- The flower has 5 whitish petals, often with some pink pigmentation. The horn-like capsules point vertically, whereas they are bent downwards in the similar species *M. tenuis*, which has less hairy stem.
- It is common in dry tundra, rock ledges and solifluction soil throughout Svalbard.

 한국어

- 이 식물의 속명은 '꽃'을 뜻하는 그리스어 anthos와 '작다'는 뜻의 mikros에서 유래했고, 종소명은 '눈더미 근처'를 뜻한다. 이전에 범의귀속 식물이었다.
- 꽃대에 1~5개의 꽃다발이 달리고 각 다발마다 1~4개의 꽃이 피는 로제트 식물이다.
- 잎 가장자리에 둔한 삼각형으로 거치가 있고 잎 아래쪽은 쐐기 모양이다.
- 꽃잎은 5개이고 흰색이며 종종 분홍빛이 돈다. 뿔 모양의 열매 캡슐은 서 있으나 아래쪽으로 굽어 있다.
- 건조한 툰드라, 바위의 돌출부와 침식 토양에서 자라며, 스발바르의 모든 주요 섬에서 볼 수 있다.

中文

- 属名来自希腊语mikros意思是"小"，anthos意思是"花"，种的名字意思是"雪"。该物种以前曾在虎耳草属。
- 有一个长毛的开花茎的莲座丛植物，在花序梗上有1-5个花束，每个花梗有1-4朵花。
- 叶缘粗糙，有钝的三角形齿边。叶片基部呈楔形。
- 花有5个发白的花瓣，通常有一些粉红色的色素沉着。角状的蒴果向下弯曲。
- 在斯瓦尔巴群岛的干燥苔原，岩石壁架和溶蚀土壤中很常见。

Saxifragaceae

Saxifraga aizoides L.

N Gulsildre **E** Yellow Saxifrage **한** 노랑범의귀 **中** 虎耳草属植物

Norsk

- Slektsnavnet kommer fra latinsk saxum som betyr "bergknaus" og frango som betyr "å bryte", mens artsnavnet betyr "ligner Aizoon".
- Løse puter av sukkulente, avlange blad.
- Blomsten er gul med 5 ikke-overlappende kronblad. Kapslene hos sildrer består av to hornlignende fruktemner, sammenvokste kun ved basiss.
- På fuktig grus, men kun på kalk. Lokalt vanlig, men mangler på østkysten.

English

- The genus name comes from the Latin saxum meaning 'rock' and frango meaning 'breaking', and the species name means 'resembling Aizoon'.
- Loose cushions of elongate, succulent leaves.
- The flower is yellow with 5 non-overlapping petals. The capsules in saxifragas consists of horn-like, partly fused carpels.
- It is found on gravelly, moist substrates, but only on limestone. It is locally common, but cannot be found in the eastern parts of Spitsbergen.

한국어

- 이 식물의 속명은 '바위'를 뜻하는 라틴어 saxum과 '깨다'는 뜻의 frango에서 유래했다. 종소명은 번행초과 식물인 'Aizoon을 닮았다'는 뜻이다.
- 잎은 길고 다육성이며 느슨하게 방석 모양으로 자란다.
- 꽃은 노란색이고 5개의 꽃잎이 서로 겹쳐지지 않는다. 범의귀속 식물의 열매는 부분적으로 융합한 뿔 모양의 심피로 이루어져 있다.
- 자갈이 많고 촉촉한 석회암 지역에서만 자란다. 스피츠베르겐 지역에 따라 흔하지만 동부지역에는 흔치 않다.

中文

- 属名称来自拉丁语 saxum 意思是"摇滚", frango 意思是"打破"。物种名称的意思是"类似 Aizoon"。
- 肉质叶子狭长, 像垫子一样松散地生长。
- 花是黄色的, 有5个不重叠的花瓣。虎耳草属植物的蒴果由角状, 部分融合的心皮组成。
- 只生长在砾石和潮湿的石灰岩地区。斯匹次卑尔根岛本地常见, 但东部缺乏。

Saxifragaceae

Saxifraga cernua L.

N Knoppsildre **E** Drooping Saxifrage **한** 씨눈바위취 **中** 零余虎耳草

Norsk

- Slektsnavnet kommer fra latinsk saxum som betyr "bergknaus" og frango som betyr "å bryte", mens artsnavnet betyr "nikkende".
- Stengelen har mørkerøde yngleknopper i alle bladhjørner og en ganske stor, hvit, endestilt blomst.
- Bladene er nyreformete i omriss, men med dype innskjæringer og 5-7 spisse lober.
- Blomsten har 5 kronblader, 10 støvbærere og 2 arr, men setter nesten aldri frukt, siden vegetativ formering med yngleknopper dominerer.
- Den er svært vanlig på Svalbard. Den vokser også på høye fjell i Kina og Baekdu-fjellet på den koreanske halvøya.

English

- The genus name is derived from the Latin word saxum meaning 'rock' and frango meaning 'breaking'. The species name means 'nodding'.
- The flowering stalk has dark red bulbils in each leaf axil and a rather large, terminal white flower.
- The leaves are reniform in outline, but with deep incisions and 5-7 acute lobes.
- The flower has 5 petals, 10 stamens, and 2 stigmas. Ripe seeds are very rarely produced, instead it always has bulbils for vegetative reproduction.
- It is very common in Svalbard. It also grows on the high mountains of China and on Baekdu Mountain of the Korean Peninsula.

한국어

- 이 식물의 속명은 '바위'를 뜻하는 라틴어 saxum과 '깬다'는 뜻의 frango에서 유래했다. 종소명은 '끄덕거린다'는 뜻이다.
- 꽃대 끝에 한 개의 흰색 꽃이 피며, 잎 겨드랑이에 검붉은색의 무성아가 달린다.
- 잎의 윤곽선은 콩팥 모양이지만 가장자리가 5~7개로 깊게 갈라져 있다.
- 꽃잎은 5개, 수술은 10개, 암술머리는 2개이다. 성숙한 씨를 맺는 일은 거의 드물고 주로 무성아로 영양 생식을 한다.
- 스발바르에서 쉽게 볼 수 있다. 중국 고산지대와 백두산에서도 자란다.

中文

- 属名称来自拉丁语saxum意思是"摇滚"，frango意思是"打破"。种类名称意为"点头"。
- 在花序梗的末端开白花，在叶腋下有暗红色的球芽。
- 叶子轮廓呈肾形，但边缘被深深地分成5-7个。
- 花有5个花瓣，10个雄蕊和2个柱头，但很少产生成熟种子，因为带有球茎的营养繁殖占主导地位。
- 在斯瓦尔巴群岛非常普遍。也生长在中国的高山和长白山(白头山)。

Saxifragaceae

Saxifraga cespitosa L.

N Tuesildre **E** Tufted Saxifrage **한** 다발범의귀 **中** 虎耳草属植物

Norsk

- Slektsnavnet kommer fra latinsk saxum som betyr "bergknaus" og frango som betyr "å bryte", mens artsnavnet betyr "tueformet".
- Tuer av mange bladskudd, der hvert bærer en stengel med en endestilt, hvit eller gulhvit blomst.
- Bladene har 3 fingerformete fliker.
- Blomsten har 5 kronblader som også kan være litt rødpigmenterte.
- Den er svært vanlig på Svalbard, og kan opptre i store mengder, særlig på gjødslete, grusdominerte steder nært havet.

English

- The genus name is derived from the Latin word saxum meaning 'rock' and frango meaning 'breaking'. The species name means 'cushion-shaped'.
- It forms cushions of numerous shoots, with each shoot producing a stalk with a terminal, white or pale-yellow flower.
- The leaves have 3 finger-shaped lobes.
- The flower has 5 petals, which can have some red pigmentation.
- It is very common in Svalbard and can occur in large quantities, particularly in manured, gravelly sites near the sea.

한국어

- 이 식물의 속명은 '바위'를 뜻하는 라틴어 saxum과 '깨다'는 뜻의 frango에서 유래했다. 종소명은 '방석 모양'을 뜻한다.
- 꽃대 끝에 흰색 또는 흐린 노란색 꽃이 하나씩 피고 수많은 줄기가 모여 방석 모양을 이룬다.
- 잎에는 손가락 모양의 3개의 소엽이 있다.
- 꽃잎은 5개이고 약간 붉은색으로 변하기도 한다.
- 스발바르에서 아주 쉽게 볼 수 있고 특히 바닷가의 자갈이 많은 지역에 많다.

中文

- 属名称来自拉丁语saxum意思是"摇滚", frango意思是"打破"。种类名称意思是"枕形"。
- 在每朵花的末端开出一朵白色或混浊的黄色花朵, 许多茎形成一个垫子。
- 叶子呈三个指形状叶。
- 花有5个花瓣。有一些红色的色素沉着。
- 在斯瓦尔巴群岛非常普遍。在有人工作的地点大量聚集, 特别是在靠近海边的砾石地点。

Saxifragaceae

Saxifraga hirculus L. ssp. *compacta* Hedberg

N Arktisk myrsildre **E** Marsh Saxifrage **한** 노랑습지범의귀 **中** 山羊臭虎耳草亚种

Norsk

Slektsnavnet kommer fra latinsk saxum som betyr "bergknaus" og frango som betyr "å bryte", mens artsnavnet betyr "liten geit", og var et plantenavn allerede i romertida. Svalbardplantene tilhører en mer kompakt underart enn plantene i fastlands-Europa.

Danner løse puter med opprette blad, og blomstrer så sent at den blir lett oversett først på sommeren.

Bladene er lansettformete, og bladkanter og stengler har brune hår som er typiske for denne gruppen av sildrer.

De vakre, gule blomstene har mange små, oransje prikker, mens begerbladene er nedbøyde.

Den vokser i myr og mosetundra på Svalbard bortsett fra i de kaldeste områdene.

English

The genus name is derived from the Latin word saxum meaning 'rock' and frango meaning 'breaking', and the species name means 'small male goat'. The name was already in use as a plant name during the Roman era. The Svalbard plants belong to a more compact subspecies than plants that grow in mainland Europe.

It forms loose cushions with erect leaves. It produces flowers so late that it can be easily overlooked during early summer.

The leaves are lanceolate and leaf margins and stems have brown hairs typical of this group of saxifrages.

The yellow flower has 5 petals with many small orange spots, whereas the sepals are curved downwards.

It is common in mires and moss tundras of Svalbard, except in the coldest areas.

한국어

이 식물의 속명은 '바위'를 뜻하는 라틴어 saxum과 '깨다'는 뜻의 frango에서 유래했다. 종소명은 '작은 숫염소'를 의미하며 로마 시대에도 이미 이 식물의 이름이었다. 스발바르 식물은 유럽 본토에서 자라는 식물보다 더 작은 아종에 속한다.

곧게 선 잎이 느슨한 방석 모양을 이루고, 꽃이 너무 늦게 펴서 초여름에는 지나치기 쉽다.

잎은 창끝 모양이고 잎 가장자리와 줄기에 갈색 털이 있다.

꽃은 노란색이고 5장의 꽃잎에 붉은 점이 있다. 꽃받침은 아래쪽으로 휘어져 있다.

가장 추운 지역을 제외하고 스발바르 습지와 진흙지대에서 흔히 볼 수 있다.

中文

属名称来自拉丁语saxum意思是"摇滚",frango意思是"打破"。种类名意思是"小公山羊"。在罗马时期已经是植物名称。斯瓦尔巴特植物属于比欧洲大陆种植的植物更紧凑的亚种。

直叶形成松散的垫子,花朵开得很晚,在初夏时很容易被忽视。

叶片披针形,叶片边缘和茎具有棕色毛。

花有5个黄色的花瓣,上面有红色圆点,而萼片向下弯曲。

除了在最寒冷的地区,在斯瓦尔巴群岛的沼泽和苔藓苔原很常见。

Saxifragaceae

Saxifraga oppositifolia L.

N Rødslidre **E** Purple Saxifrage **한** 자주범의귀 **中** 挪威虎耳草

Norsk

- Slektsnavnet kommer fra latinsk saxum som betyr "bergknaus" og frango som betyr "å bryte", mens artsnavnet betyr "med motsatte blad".
- Skarpt lilla blomster som blekner på slutten av blomstringa. Verdens nordligste blomsterplante, og vokser aller lengst nord på Grønland.
- Krypende matter eller lave puter med små eviggrønne, harde, motsatte blader med en hvit kalkflekk.
- Blomsten har 5 kronblad og 10 brunfiolette støvbærere som åpner seg med oransje pollen, i sterk fargekontrast til kronbladene. Arten blomstrer kort tid etter snøsmelting.
- Den er svært vanlig på Svalbard. Den vokser også i Xinjiang og Xizang i Kina.

English

- The genus name is derived from the Latin word saxum meaning 'rock' and frango meaning 'breaking', and the species name means 'with opposite leaves'.
- It produces flowers of bold purple color which become paler at the end of the flowering period. It is the world's northernmost flowering plant, growing at the very northernmost point of Greenland.
- It forms mats or low cushions with small, hard, evergreen and opposite leaves each with a white spot.
- The flower has 5 petals and 10 stamens with brown-violet anthers opening to show orange pollen, strongly contrasting the color of the petals. It flowers soon after snow-melt.
- It is very common in Svalbard. It can also be found in Xinjiang and Xizang, China.

한국어

- 이 식물의 속명은 '바위'를 뜻하는 라틴어 saxum과 '깬다'는 뜻의 frango에서 유래했다. 종소명은 '마주난 잎'을 뜻한다.
- 강렬한 자주색 꽃이 피며 시간이 지남에 따라 꽃의 색이 흐려진다. 세계에서 가장 북쪽에서 꽃을 피우는 식물로 그린란드 최북단에서도 자란다.
- 식물체는 기는 줄기가 다발을 이루거나 방석 모양으로 자라고, 잎은 작고 단단하며 상록성이고 마주난다.
- 꽃잎은 5개, 수술은 10개이고 갈색, 보라색 꽃가루를 만들어 꽃잎의 색과 강하게 대조된다. 눈이 녹자마자 꽃이 핀다.
- 스발바르에서 흔하게 볼 수 있다. 중국 신장과 티베트에도 자란다.

中文

- 属名称来自拉丁语saxum意思是"摇滚",frango意思是"打破"。种类名称意为"对立叶"。
- 紫红色的花朵,在开花期结束时变得苍白。世界上最北端的开花植物,在格陵兰岛尽可能远地生长。
- 植物生长成簇状或垫子,叶子小,坚硬,常绿,有白色孔。
- 有5个花瓣和10个雄蕊,棕色到紫色的花粉与花瓣的颜色形成鲜明对比。雪化后很快就会开花。
- 在斯瓦尔巴群岛非常普遍。 在中国的新疆,西藏。

Brassicaceae

Braya glabella Richardson ssp. *purpurascens* (R.Br.) Cody

N Purpurkarse **E** Purplish Braya **한** 자주꽃다지아재비 **中** 肉叶荠属植物

Norsk

- Slektsnavnet er hentet fra navnet til den franske naturforskeren Franz de Bray (1765–1832), artsnavnet betyr "nesten snau", mens underartsnavnet betyr "blir purpurrød".
- Liten, opprett rosettplante, som i motsetning til alle rublom-artene har snaue blad og kan få mørklilla pigmentering.
- Bladene er avlange og kommer fra en veldig tykk pelerot.
- Blomsten har 4 hvite kronblader, som ofte er lyst lilla, mens begerbladene gjerne er mørklilla. Frukten er en skulpe, typisk for korsblomstfamilien, med en ramme omgitt av to lokk.
- På finkornet kalkjord som tørker ut. Mangler i noen områder på Svalbard, men er vidt utbredt og særlig vanlig i de høyarktiske steppeområdene. Fredlyst, primært siden den er ekstremt sjelden på fastlands-Europa (ved Nordkapp).

English

- The genus name is derived from the name of the French naturalist, Franz de Bray (1765–1832), the species name means 'almost hairless', and the subspecies name means 'becoming purple'.
- As opposed to all *Draba* species, it is a small, erect rosette plant with hairless leaves and can take on a dark purple pigmentation.
- The leaves are long and narrow and come from a very thick taproot.
- The flower has 4 white petals, sometimes pale purple, whereas the sepals are often dark purple. The fruit is a 'silicule', like in the whole family with two lids around a frame.
- It grows on dry, fine-textured calcareous soils. While it is rare in some areas, it is widespread across Svalbard, particularly common in high Arctic steppe regions. It remains a protected species as it is extremely rare in mainland Europe (it can only be found on North Cape).

한국어

- 이 식물의 속명은 프랑스 자연주의자 Franz de Bray (1765~1832)의 이름에서 유래했다. 종소명은 '거의 털이 없다'는 뜻이며, 아종명은 '보라색이 된다'는 뜻이다.
- 작고 직립한 로제트 식물로, 모든 꽃다지속 식물과 반대로 잎에 털이 없고 진한 보라색을 띠기도 한다.
- 잎은 가늘고 길며 매우 두꺼운 곧은뿌리에서 나온다.
- 꽃은 흰색이고 꽃잎은 4개인데 종종 옅은 보라색을 띠며 꽃받침은 종종 진한 보라색이다. 열매는 길이가 매우 짧고, 다른 십자화과 식물처럼 씨앗이 든 꼬투리를 2개의 덮개가 감싸고 있는 단각이다.
- 건조하고 미세한 석회질 토양에서 자란다. 일부 지역에서는 드물지만 스발바르에 널리 퍼져 있고 특히 고위도 북극 초원 지역에서 흔하다. 본토 유럽(노르웨이 북쪽)에서는 극히 드물기 때문에 보호종이다.

中文

- 属名来自法国博物学家Franz de Bray(1765-1832),种类名称的意思是"几乎无毛"。亚种名称的意思是"变成紫色"。
- 一种小而直立的莲座丛植物,与所有开花植物不同,叶子上没有毛,呈现深紫色。
- 叶子长而窄,来自非常厚的主根。
- 花是白色的,花瓣是四个,有淡淡的紫色,花萼通常是深紫色。果实长度非常短,是一个单角,有两个盖子,像其他十字花科植物一样被包在种子荚中。
- 它生长在干燥,细小的钙质土壤中。在某些地区很少见,但在斯瓦尔巴群岛很常见,特别是在高纬度的北极草甸地区。它是欧洲大陆(挪威北部)的稀有物种,因此是受保护的物种。

Brassicaceae

Cardamine pratensis L. ssp. *angustifolia* (Hook.) O.E.Schulz

N Polarkarse **E** Polar Cress **한** 북극황새냉이 **中** 草甸碎米荠亚种

Norsk

- Slektsnavnet kommer fra "kardamon", navn på en karse hos den greske forfatteren Aristofanes (446–386 f.Kr.), artsnavnet betyr "vokser på eng", og underartsnavnet "med smale blader".
- Rosettplante med basisblad oppdelt i bladfinner, av og til blomsterskudd med ganske store, lysfiolette, rosa eller hvite blomster.
- Bladfinnene er små, kjøttfulle, oppbøyd som et lite skjeblad, og løsner veldig lett. De fungerer som vegetative yngleknopper og sprer planten i dens våte habitat.
- Det har aldri blitt observert at planten har produsert modne frø på Svalbard.
- Spredt i fuktige eller våte områder på Svalbard.

English

- The genus name is derived from 'kardamon', a name that was given to a cress plant by the Greek poet, Aristophanes (446–386 BC). The species name means 'growing in meadows', and the subspecies name means 'with narrow leaves'.
- It is a rosette plant with basal pinnate leaves, occasionally a stem with large, pale violet, pink or white flowers.
- The leaflets of the leaves are fleshy, small, almost shaped like a spoon and detach easily. They function as bulbils and disperse the species in its wet habitats.
- The plant has never been observed to produce seeds in Svalbard.
- It is scattered in moist or wet areas throughout Svalbard.

한국어

- 이 식물의 속명은 그리스 시인 아리스토파네스(기원전 446~386)가 유채과 식물에 부여한 kardamon에서 유래했다. 종소명은 '초원에서 자란다'는 뜻이며, 아종명은 '좁은 잎'을 뜻한다.
- 깃털 모양의 잎이 마주나며 로제트를 이루고, 줄기에 약간 크고 흐린 보라색, 분홍색 또는 흰색 꽃이 달린다.
- 작은 잎은 다육성이고 작으며 숟가락 모양이고 쉽게 떨어진다. 작은 잎은 무성아 역할을 하며 습한 서식지에서 이 식물을 퍼뜨린다.
- 스발바르에서 씨앗을 만드는 식물은 관찰되지 않았다.
- 습지에서 자라고 스발바르에서 전역에서 볼 수 있다.

中文

- 属名来自kardamon由希腊诗人Aristophanes（公元前446-386）给予水芹植物的名称，物种名称的意思是"在草地上生长"，亚种名称的意思是"有着狭窄的叶子"。
- 叶对生，形成一个莲座丛，茎上有一个略大的紫色，粉红色或白色的花朵。
- 叶子的小叶是肉质的，小的，勺子形状，容易分开。它们起到球茎的作用，并将物种分散在湿润的栖息地中。
- 从未见过这种花在斯瓦尔巴群岛产生种子。
- 在斯瓦尔巴群岛的湿润或潮湿区域分布。

Brassicaceae

Cochlearia groenlandica L.

N Polarskjørbuksurt **E** Greenland Scurvy-grass **한** 그린란드고추냉이 **中** 岩荠属植物

Norsk

- Slektsnavnet betyr "skje", og artsnavnet betyr "fra Grønland".
- En liten rosettplante i fuktig tundra, men blir utrolig mye større på gjødslete steder under fuglefjell. Planten dør etter blomstring. Navnet skjørbuksurt viser til at den ble brukt som vitaminkilde mot skjørbuk av folk i Arktis i gamle dager.
- Basistbladene er runde eller nyreformede med lange bladstilker og ligner en liten skje.
- Blomstene er hvite med 4 kronblad og 6 støvbærere.
- Den er vanlig på Svalbard, og kan danne tette bestander under fuglefjell.

English

- The genus name means 'spoon', and the species name means 'from Greenland'.
- It is a small rosette plant in moist tundra, but incredibly much larger in nutrient-rich places below bird-cliffs. The plant dies after flowering. The name scurvy-grass indicates that it was used as a vitamin source against scurvy by people in the Arctic.
- The basal leaves are rounded or reniform with long stalks like a spoon.
- The flowers are white with 4 petals and 6 stamens.
- It is common in Svalbard and can form dense stands below bird cliffs.

한국어

- 이 식물의 속명은 '숟가락'을 뜻하고, 종소명은 '그린란드'에서 유래했다.
- 습기가 많은 툰드라에 사는 작은 로제트 식물로 새가 사는 절벽 아래쪽 영양이 풍부한 곳에서는 믿을 수 없을 정도로 커진다. 꽃이 피면 식물은 죽는다. 옛날 북극 사람들이 괴혈병을 대비해 비타민 공급원으로 이 식물을 사용했다.
- 아래쪽의 잎은 둥글거나 콩팥 모양이고 숟가락처럼 긴 줄기가 있다.
- 꽃은 흰색이고 꽃잎은 4개, 수술은 6개이다.
- 스발바르에서 쉽게 볼 수 있으며, 새가 사는 절벽 아래에 모여 자라기도 한다.

中文

- 属名是指"匙"，物种名称的意思是"来自格陵兰岛"。
- 它是一种小莲座丛植物，生活在潮湿的苔原中，在鸟类居住的悬崖下生长得更大。当花朵开花时，植物就会死亡。老北极人使用这种植物作为维生素来源，为坏血病做准备。
- 基生叶呈圆形或肾形，有长茎，如勺子。
- 花是白色的，有4个花瓣和6个雄蕊。
- 在斯瓦尔巴群岛很常见，在鸟类生活的悬崖下尤其密集。

Brassicaceae

Draba alpina L.

N Gullrublom   E Alpine Whitlow-grass   한 고산꽃다지   中 葶苈属植物

Norsk

- Slektsnavnet kommer fra det greske ordet drabe, som betyr en "smak av sennepsplanten", og artsnavnet betyr "hører til i fjell".
- En rosettplante med bladløs blomsterstengel. En av 12 rublom-arter på Svalbard, 7 hvit-blomstrede, og alle krevende å identifisere.
- Rosettbladene er avlange med stjernehår.
- Blomsten har 4 gule kronblader som er ganske smale, og skulpene er omtrent snaue.
- Vanlig på fuktige steder og i mosetundra under fuglefjell, men sjelden i polarørken og i de mest kontinentale delene av Svalbard.

English

- The genus name is derived from the Greek word 'drabe' which means a taste of the mustard plant, and the species name means 'belonging in mountains'.
- It is a rosette plant with a leafless flower stalk. One of 12 *Draba* species in Svalbard, 7 with white flowers, and all difficult to determine.
- The rosette leaves are elongate with stellate hairs.
- The flower has 4 yellow petals which are quite narrow, and the silicules are practically glabrous.
- It is common in moist places and moss tundras below bird cliffs, but rare in the polar deserts and in the most continental regions of Svalbard.

한국어

- 이 식물의 속명은 그리스어로 '겨자 맛'이라는 뜻의 drabe에서 유래했고, 종소명은 '산에 속한다'는 뜻이다.
- 꽃대에 잎이 없는 로제트 식물이다. 스발바르에 12종의 꽃다지속 식물이 있다.
- 아래쪽의 로제트 잎은 긴 타원형이고, 잎 가장자리에 별 모양의 털이 있다.
- 꽃은 노란색이고 꽃잎은 4개이며 가늘다. 짧은 열매에 거의 털이 없다.
- 새가 사는 절벽 아래쪽 습한 곳과 이끼 툰드라에 흔하지만, 스발바르의 극지 사막과 대륙의 대부분의 지역에서는 드물다.

中文

- 属名来自希腊语drabe意思是"芥菜植物的味道",种类名称的意思是"属于山区"。
- 一种莲座丛植物,在花序梗上没有叶子。在斯瓦尔巴群岛有12种开花植物。
- 莲座叶是细长的,具有星状毛。
- 花有4个黄色的花瓣,非常狭窄,几乎无毛。
- 常见于潮湿的地方和鸟类悬崖下的苔藓苔原,在极地沙漠和斯瓦尔巴群岛大部分地区罕见。

Brassicaceae

Draba corymbosa R. Br. ex DC.

N Puterublom **E** Flat-top Draba **한** 민꽃다지 **中** 葶苈属植物

Norsk

- Slektsnavnet kommer fra det greske ordet drabe som betyr "en smak av sennepsplanten", Artsnavnet betyr "i halvskjerm".
- Danner veldig kompakte, små rosetter med bladløse blomsterstilker.
- Rosettbladene er tett dekket av strie hår i blanding med stjernehår.
- Blomsten har 4 intenst gule kronblader som i solskinn bøyer seg ut og danner et litt irregulært kors sett overfra. Skulpene er tetthårete.
- Den er vanlig på Svalbard, men bare på tørre kalkområder, og er derfor sjelden i Longyearbyen-området.

English

- The genus name is derived from the Greek word drabe which means 'a taste of the mustard plant'. The species name means 'with a flat-topped inflorescence'.
- It forms small, compact rosettes with leafless flowering stalks.
- The rosette leaves have a very dense cover of stiff hairs mixed with stellate hairs.
- The flower has 4 intensely yellow petals, which in sunshine bend outwards, forming a slightly irregular cross when seen from above. The silicules are densely hairy.
- It is common in Svalbard, but only on dry limestone substrates, and therefore rare to find in Longyearbyen.

한국어

- 이 식물의 속명은 그리스어로 '겨자 맛'이라는 뜻의 drabe에서 유래했고, 종소명은 '평평한 꽃이 피는 꽃차례'라는 뜻이다.
- 꽃대에 잎이 없다. 잎이 꽉 들어찬 작은 로제트 식물이다.
- 뻣뻣한 털과 별 모양의 털이 로제트 잎을 아주 빽빽하게 덮고 있다.
- 꽃은 짙은 노란색, 꽃잎은 4개이고, 위에서 볼 때 약간 불규칙한 십자가를 이루며 바깥쪽으로 휘어진다. 짧은 열매에 털이 많다.
- 스발바르에 흔하지만, 건조한 석회석 기질에서만 볼 수 있어 롱이어아르뷔엔에서는 드물다.

中文

- 属名来自希腊语drabe意思是"芥菜植物的味道"，物种名称的意思是"平顶花序"。
- 花梗上没有叶子。有无叶开花茎的莲座丛植物。
- 莲座叶具有非常致密的硬毛覆盖物，与星状毛混合。
- 这朵花有4个黄色的花瓣，当从上面看时，在阳光下向外弯曲形成一个略微不规则的十字架。短短的果实密集多毛。
- 在斯瓦尔巴群岛很常见，但仅在干燥的石灰石基质上，因此在朗伊尔城地区很少见。

Salicaceae

Salix polaris Wahlenb.

N Polarvier **E** Polar Willow **한** 북극콩버들 **中** 柳属植物

🇳🇴 Norsk

- Slektsnavnet betyr "vier eller pil" og ble brukt allerede i romertiden, mens artsnavnet betyr "fra polare områder".
- Det er en busk med treaktig stamme, men er helt nedliggende og typisk 0.5 til 1 cm høy. Plantene er enkjønnete med hann- og hunnblomster på separate individ.
- Bladene er rundaktige til avlange, vanligvis uten hår, og uten bladtenner i kanten.
- Blomstene av vier har ingen kronblad, men nektarkjertler som tiltrekker insekter, selv om polarvier trolig også har vindpollinering. Hannblomsten er en gåsunge av mange enkeltblomster med røde støvknapper som åpnes og eksponerer gult pollen. Hunnplanter har gåsunger av mange unge grønnaktige fruktemner som blir hårete, røde kapsler når de modnes. Når de åpner seg, frigjør de mange små frø som fraktes bort av vinden pga. av fastsittende hår.
- Den er svært vanlig på Svalbard, bortsett fra i polarørken-områdene.

🇬🇧 English

- The genus name means 'willow' and it was already in use by the Romans. The species name means 'growing in polar areas'.
- It is a shrub with woody stem, but completely prostrate and typically 0.5 to 1 cm tall. The plants are unisexual with male and female flowers on separate individuals.
- Leaves are rounded or elliptic, usually without hairs, and with entire margins.
- The flower of willows have no petals, but nectar glands which attract insects, although it may also have wind pollination. The male flower is a catkin of many single flowers with red anthers which open and expose yellow pollen. Female plants have catkins of many greenish young fruits, which become hairy, red capsules when they mature. When the capsules open, they reveal many small seeds which are carried by the wind due to their hairy appendages.
- It is very common in Svalbard, except in polar deserts.

🇰🇷 한국어

- 이 식물의 속명은 '버드나무'를 뜻하며 이미 고대 로마 시대부터 이 이름이 사용되었다. 종소명은 "극지에서 자란다"는 뜻이다.
- 목질의 줄기를 갖는 관목으로 완전히 기는식물이며 보통 0.5~1cm 높이로 자란다. 암그루와 수그루가 따로 있다.
- 잎은 원형 또는 타원형이고 가장자리가 매끈하며 털이 없다.
- 꽃잎은 없고 바람에 의해 수분이 되는 풍매화이지만 곤충을 끌어 당기는 꿀샘이 있다. 버드나무에서 많은 꽃이 모인 것을 버들강아지라고 한다. 수꽃은 어릴 때 꽃밥이 붉은색이지만 성숙하면 노란색 꽃가루로 덮인다. 암꽃의 열매는 녹색을 띠다가 익으면 빨간색으로 바뀐다. 열매가 열리면 흰색 털이 달려 바람에 날려가는 작은 씨앗이 많이 보인다.
- 건조한 극지 사막을 제외하고, 스발바르에서 아주 쉽게 볼 수 있다.

🇨🇳 中文

- 属名称的意思是"柳树"从罗马时代就已经开始使用,种类名称的意思是"在极地地区生长"。
- 是一种带木质茎的灌木,但完全匍匐,通常高0.5至1厘米。植物是单性的,雄性和雌性花在不同的个体上。
- 叶子呈圆形或椭圆形,通常没有毛,边缘全缘。
- 花没有花瓣,但是花蜜腺吸引着昆虫,尽管它也是风媒花。雄花是许多单花的柔荑花序,红色花药开放并暴露黄色花粉。雌性植物有许多绿色幼果的柔荑花序,当它们成熟时会变成多毛的红色蒴果。当蒴果打开时,它们会露出许多小种子,由于它们的毛状附属物而被风吹走。
- 除极地沙漠外,在斯瓦尔巴群岛非常普遍。

Salicaceae

Salix reticulata L.

N Rynkevier E Netleaf Willow 한 그물잎버들 中 柳属植物

Norsk

- Slektsnavnet betyr "vier eller pil" og ble brukt allerede i romertiden, artsnavnet betyr "med små rynker".
- En krypende dvergbusk, men mer robust og med kraftigere stengler enn polarvier og med særpregete blad.
- De rundaktige eller avlange bladene er tykke. Oversiden er mørkegrønn og med et distinkt nettverk av nerver, mens undersida derimot er hvit av et voksbelegg og med opphøyete, oftest rosa nerver.
- Blomstene er hannrakler på hannplantene og hunnrakler på hunnplantene, begge kraftigere enn de hos polarvier.
- Den er vanlig i de varmere delene av Spitsbergen og Bjørnøya.

English

- The genus name means 'willow' and it was already in use by the Romans. The species name means 'with small wrinkles'.
- It is a prostrate dwarf shrub, but is more robust and has thicker running branches than the polar willow, and it has distinct leaves.
- Its thick leaves can be rounded or oblong. The upper surface is dark green with a distinct network of veins. The lower side is white from a waxy layer, and with raised and usually pink veins.
- The flowers are in male catkins on male plants and female catkins on female plants. Both types are larger than those of polar willow.
- It is common in the warmer parts of Spitsbergen and Bjørnøya.

한국어

- 이 식물의 속명은 '버드나무'를 뜻하며 이미 고대 로마 시대부터 이 이름이 사용되었다. 종소명은 '작은 주름'을 뜻한다.
- 식물체가 땅에 붙어 자라는 작은 관목이지만 북극콩버들보다 줄기가 억세고 두꺼우며 잎이 뚜렷하다.
- 잎은 원형에서 타원형이고 두텁다. 잎의 윗면은 짙은 녹색이고 잎맥이 뚜렷하다. 아래쪽은 왁스층 때문에 흰색이고 보통 분홍색 잎맥이 도드라진다.
- 버들강아지 형태의 암꽃은 암그루에 수꽃은 수그루에 달린다. 북극콩버들보다 암꽃과 수꽃이 길쭉하다.
- 스피츠베르겐과 비에르뇌위아의 비교적 따뜻한 곳에서 흔히 볼 수 있다.

中文

- 属名称的意思是"柳树"从罗马时代就已经开始使用,物种名称的意思是"小皱纹"。
- 一种匍匐矮小的灌木,但比沙柳和极地叶子更坚固,枝条更粗。
- 圆形到长圆形的叶子很厚。上表面为深绿色,具有明显的静脉网络。下表面蜡状层为白色,具有凸起且通常为粉红色的纹理。
- 花在雄性植株上是雄性柳絮,在雌性植株上是雌性柳絮。两种类型都比较大。
- 经常出现在斯匹次卑尔根岛和熊岛的温暖地区。

Rosaceae

Dryas octopetala L.

N Reinrose **E** Mountain Avens **한** 담자리꽃나무 **中** 仙女木属植物

Norsk

- Slektsnavnet betyr "eikenymfe", og artsnavnet betyr "med 8 kronblader".
- Dette er en viktig dvergbusk som danner store puter eller tette matter. Arten er delvis eviggrøn, ved at de tykke bladene gradvis blir rødaktig brune i det andre leveåret.
- Bladkantene har butte tenner som er svakt nedoverbøyde og som ligner et eikeblad.
- Blomsten har 8 hvite kronblader, og blomsten er heliotrop og følger solens gang under solskinn. Griffelen utvikler seg til et langt fjærhår festet til nøttefrukten som blir spredt med vinden.
- Dominant på tørr tundra på Svalbard, unntatt i de sureste og de kaldeste områdene. Den er også funnet på den nordlige delen av den koreanske halvøya.

English

- The genus name means 'oak nymph', and the species name means 'with 8 petals'.
- It is an important dwarf shrub that forms large cushions or dense mats. The species is partly evergreen, as the thick leaves gradually turn reddish brown in their second year.
- The leaf margins have rounded teeth which are bent slightly downwards, resembling an oak leaf.
- The flower has 8 white petals, and the heliotropic flower follows the diurnal pattern of the sun when it is shining. The style develops into a long feather-like attachment to the nut-like fruit which is dispersed by the wind.
- It is dominant in dry tundra in of Svalbard but is lacking in the most acidic and the coldest areas. It is also found in the northern regions of the Korean peninsula.

한국어

- 이 식물의 속명은 '참나무 요정', 종소명은 '8개의 꽃 잎'을 뜻한다.
- 큰 방석 모양으로 빽빽하게 모여 자라는 키 작은 관목 이다. 부분적으로 상록성이지만 두터운 잎이 생긴 다 음 해에 점차 주황이나 붉은색으로 단풍이 든다.
- 잎 가장자리가 굴곡지고 약간 아래쪽으로 휘어 있어 참나무 잎을 닮았다.
- 꽃은 흰색, 꽃잎은 8개이며 해바라기처럼 해가 비치는 쪽을 따라 움직인다. 암술대가 깃털 모양으로 변해 열 매에 달려서 씨앗이 바람에 의해 날리게 한다.
- 스발바르의 건조한 툰드라에서는 우점하지만, 토양이 산성이며 추운 지역에서는 드물다. 한반도 북부에서 도 발견된다.

中文

- 属名称的意思是"橡树若虫",种类名称的意思 是"8个花瓣"。
- 是一种重要的矮灌木,形成大垫子或密垫。该 物种部分是常绿的,因为厚叶在第二年逐渐变 成红棕色。
- 叶缘有圆形的齿,略微向下弯曲,类似橡树 叶。
- 花是白色的,有8个花瓣,花转换方向朝着阳 光一侧。花柱呈羽毛状,种子成熟后随风被吹 散。
- 在斯瓦尔巴群岛的干燥苔原中占主导地位,但 不包含酸性和最寒冷的地区。在朝鲜半岛的北 部地区。

Rosaceae

Potentilla pulchella R.Br.

N Tuemure **E** Pretty Cinquefoil **한** 다발양지꽃 **中** 委陵菜属植物

Norsk

- Slektsnavnet er avledet av det latinske potentia som betyr "kraftig", mens artsnavnet betyr "liten og vakker".
- En tueformet plante med en tykk og veldig fleksibel, nesten gummiaktig pelerot. Den blomstrer på korte stengler som strekker seg seinere på sesongen. Raggmure (*P. hyparctica*) er også tueformet, men på sur jord, se bildet midt på neste side. Andre murearter vokser i tørre fuglefjellskråninger og har vedaktige skuddbasiser og blomstrer på lange stengler.
- Bladene er sølvhårete og oppdelt i 2-3 par hovedfinner som igjen er oppdelt i smale fliker.
- De gule kronbladene er omvendt eggformete eller nesten så, mens andre murer på Svalbard har bortimot hjerteformete kronblad.
- En karakterart for høyarktiske steppesamfunn, men fins også på leirjordsbrinker som tørker ut, gjerne langs elvesktrenter og havstrender.

English

- The genus name is derived from Latin word potentia meaning 'powerful', and the species name means 'small and beautiful'.
- It is a cushion plant with a very thick and flexible, almost rubber-like tap-root. It flowers on short stalks which elongate later in the season. *Potentilla hyparctica* is also cushion-shaped, but in acidic tundra, see the central picture on the next page. Other *Potentilla* species grow in dry bird-cliff slopes and have woody stem bases with flowers on long stalks.
- The leaves are silvery hairy and divided into 2-3 pairs of leaflets, which again are deeply divided into narrow segments.
- The yellow petals are almost obovate (upside down egg-shaped) whereas other potentillas have almost heart-shaped petals.
- It is a species characteristic of High Arctic steppe communities but is also scattered across exposed, dry clay deposits near river slopes and seashores.

한국어

- 이 식물의 속명은 '강력한'을 뜻하는 라틴어 potentia에서 유래했고, 종소명은 '작고 아름다운'을 뜻한다.
- 매우 두껍고 거의 고무처럼 유연한 주 줄기를 갖고 방석 모양의 다발을 이룬다. 짧은 꽃대에 꽃이 피고 나중에 줄기가 길어진다. 다른 양지꽃은 새가 사는 절벽의 건조한 사면에서 자라고 목질의 긴 줄기를 가지며 꽃이 긴 꽃대에 핀다.
- 잎은 은빛 털이 많고 2~3쌍의 작은 잎으로 갈라지는데 좁고 깊게 갈라진다.
- 꽃잎은 노란색이고 거의 도란형(달걀이 거꾸로 된 모양)인 반면에 다른 양지꽃의 경우 꽃잎이 거의 심장 모양이다.
- 고위도 북극 대초원 군집의 특징적인 식물이지만, 해안가와 강변 비탈 부근에 쌓인 건조한 진흙에 흩어져 발견되기도 한다.

中文

- 属名源自拉丁语potentia意思是"强大",种类名称意思是"小而美"。
- 像垫子一样,具有非常厚实,柔韧,像橡胶一样的主根。在短茎上开花,一直持续到当季后期。其他委陵菜属植物生长在鸟类生活的悬崖的干坡上,长茎上有带花的木质茎基。
- 叶子呈银色毛状,分成2-3对小叶,再次分成狭窄的部分。
- 花瓣呈黄色,近乎倒卵形或倒卵形,而其他的蕨类植物的花瓣是近似心形的。
- 高北极草原群落中的一种特征种类,分散在河坡和海岸附近暴露的干燥粘土矿床上。

Betulaceae

Betula nana L. ssp. *tundrarum* (Perfil.) Á.Löve & D.Löve

N Dvergbjørk **E** Dwarf Birch **한** 난장이자작 **中** 桦木属植物

🇳🇴 Norsk

- Slektens navn ble brukt om bjørk allerede av den romerske forfatteren Plinius (23–79), artsnavnet betyr "dvergaktig", og varietetsnavnet "hører til tundraene".
- Den største busken på Svalbard, men likevel sjeldent over 20 cm. Danner ikke modne frø på Svalbard, og ekspanderer sakte med rotslående skudd. Er sterkt temperaturkrevende og vil trolig ekspandere pga. varmere klima, særlig hvis den begynner å produsere modne frø.
- Har innvandret fra arktisk Russland, noe som kan ses av mer rhombeformete blad enn på planter i Skandinavia, og ved å være klassifisert som en russisk varietet.
- Tokjønnet art med hann- og hunnrakler på samme individ.
- Kun mellom Colesdalen og Adventdalen på Svalbard, noen steder i store bestand.

🇬🇧 English

- The genus name was used for birch already by the Roman author Plinius (AD 23–79), the species name means 'dwarfish', and the subspecies name means 'of the tundras'.
- It is the tallest shrub in Svalbard, although rarely above 20 cm. It does not produce ripe seeds in Svalbard, and expands slowly by rooting branches. It is strongly thermophilous and likely to increase as a response to global warming, particularly if it will start producing ripe seeds.
- It originates from the Russian Arctic, and its separate name is of a Russian type or variety. The leaves are more rhomboid than in Scandinavian plants.
- It is a bisexual species with female and male catkins which develop on the same plant.
- It can be found only between Colesdalen and Adventdalen in Svalbard.

🇰🇷 한국어

- 이 식물의 속명은 이미 고대 로마시대 박물학자 플리니우스(23~79년)가 '자작나무'에 사용하였다. 종소명은 '난장이', 아종명은 '툰드라'를 뜻한다.
- 스발바르에서 가장 큰 관목으로 드물게 20cm 이상 자란다. 스발바르에서는 성숙한 씨앗을 만들지 않으며, 가지를 내려 천천히 퍼져 나간다. 따뜻한 곳을 좋아해서 특히 씨앗을 만들기 시작하면 지구 온난화에 대한 반응으로 증가할 것으로 보인다.
- 러시아 북극에서 왔다. 스칸디나비아 식물보다 잎이 더 정사각형이어서 러시아 품종으로 분류된다.
- 암꽃과 수꽃이 한 나무에 핀다.
- 스피츠베르겐의 Colesdalen과 Adventdalen에서만 관찰된다.

🇨🇳 中文

- 属名称的意思是"桦树"，罗马作家普林尼斯(公元23-79) 已将该属名用于桦树。物种类名称的意思是"侏儒"，亚种名称的意思是"苔原"。
- 斯瓦尔巴特群岛最高的灌木，虽然很少超过20厘米。在斯瓦尔巴群岛不产生成熟种子，并通过生根分枝缓慢扩张。嗜热性很强，可能随着对全球变暖的反应而增加，特别是当开始产生成熟的种子以后。
- 来自俄罗斯北极地区，叶子比斯堪的纳维亚植物更加方形，被归类为俄罗斯品种。
- 雌性花和雄性花在同一植株上发育。
- 只在斯瓦尔巴德的Colesdalen和Adventdalen有发现。

Ericaceae

Cassiope tetragona (L.) D. Don

N Kantlyng **E** Arctic Bell-heather **한** 북극종꽃나무 **中** 岩须属植物

Norsk

- Slektsnavnet kommer fra den greske mytologiske karakteren Kassiope, Dronning av Etiopia, og artsnavnet betyr "firkantet".
- En eviggrønn og mørkegrønn dvergbusk med klokkeformede, hvite blomster, og med en sterk duft av stoffer som forhindrer beiting.
- Greinene er dekket av rare, læraktige blader arrangert i 4 rader.
- Blomstene er nedbøyde, men den røde frukten reiser seg.
- Danner store bestand i sentrale fjordstrøk av Spitsbergen og er en karakterart for mellomarktisk tundra.

English

- The genus name comes from the Greek mythological character, Kassiope, Queen of Ethiopia, and the species name means 'square'.
- It is an evergreen and dark green dwarf-shrub with bell-shaped, white flowers and has a strong smell of compounds which prevent grazing.
- The branches are covered by strange, leathery leaves arranged into 4 rows.
- The flowers are bent downwards, but its red fruits become erect.
- It forms large stands in the central fjord areas of Spitsbergen, and is a species characteristic of the mid-Arctic tundra regions.

한국어

- 이 식물의 속명은 그리스 신화의 Kassiope에서 유래했고, 종소명은 '사각형'을 뜻한다.
- 상록성이며 짙은 초록색의 키 작은 관목으로, 종 모양의 흰색 꽃이 피고 초식 동물이 먹지 못하도록 강한 냄새가 난다.
- 네 줄로 배열된 가죽같은 잎으로 가지가 둘러싸여 있다.
- 꽃은 고개를 숙이고 있지만 붉은 열매가 달린 꽃자루는 곧게 선다.
- 스피츠베르겐 중부 피오르 지역에 큰 군락을 이루고 있고, 북극 중부 툰드라의 특징적인 식물이다.

中文

- 属名来自希腊神话中的Kassiope，种类名称的意思是"正方形"。
- 是一种常绿和深绿色的矮小灌木有钟形的白色花朵，还有强烈的化合物气味可以不被当做牧草吃掉。
- 树枝被四排奇怪的，皮革一般的叶子覆盖着。
- 花向下弯曲，但带红色果实的花序梗笔直。
- 在斯匹次卑尔根岛的中央峡湾地区形成大型林分，是北极中部苔原的一个特征物种。

Ericaceae

Harrimanella hypnoides (L.) Coville

N Moselyng E Moss Bell Heather 한 이끼석남 中 杜鹃花科植物

Norsk

- Slekta er navngitt etter den mektige, amerikanske jernbane-eieren Edward Harriman (1848–1909), og artsnavnet betyr "ligner mosen *Hypnym*".
- Danner myke, eviggrønne matter av nedliggende skudd med små, vakre, hengende blomster.
- De ørsmå bladene er mose-aktige og nåleformete.
- De hvite blomstene har 5 kronblad som er delvis sammenvokste og står i kontrast til de rødbrune begerbladene.
- Sjelden og 'Nær truet' på Svalbard, og fins bare på varme, gunstige steder langs vestkysten av Spitsbergen.

English

- The genus is named after the American railroad magnate, Edward Harriman (1848–1909), and the species name means 'resembling the moss *Hypnum*'.
- It forms soft, evergreen mats of prostrate stems with small, beautiful, pendant flowers.
- The tiny leaves are moss-like and needle-shaped.
- The white flower has 5 petals which are partially fused, contrasting the reddish sepals.
- It is rare and considered a 'Near Threatened' species in Svalbard. It can only be found in warm, moderate sites near the western coast of Spitsbergen.

한국어

- 이 식물의 속명은 미국의 철도사업가이자 과학후원자 Edward Harriman(1848~1909)에서 유래했고, 종소명은 '털깃털이끼속 식물과 비슷하다'는 뜻이다.
- 상록성으로 꽃이 작고 아름다우며 기는줄기로 부드러운 다발을 이룬다.
- 잎은 작고 이끼 비슷한 바늘 모양이다.
- 꽃은 흰색이고 5개의 꽃잎이 부분적으로 융합되어 있으며, 붉은색의 꽃받침과 대조를 이룬다.
- 스발바르에서 준위협종이며 희귀하다. 스피츠베르겐의 서부 해안 근처의 따뜻하고 살기 좋은 곳에서만 발견된다.

中文

- 属名来自美国铁路大亨爱德华哈里曼(1848-1909),物种名称的意思是"类似苔藓*Hypnum*"。
- 形成柔软,常绿的匍匐茎垫,带有小而美丽的吊坠花。
- 这些小叶子呈苔藓状或针状。
- 白花有5个部分融合的花瓣,与红色的萼片形成鲜明对比。
- 在斯瓦尔巴群岛罕见且"近乎受威胁",仅在斯匹次卑尔根西海岸附近的温暖地点发现。

Polemoniaceae

Polemonium boreale Adams

N Polarflokk E Northern Jacob's Ladder 한 북방꽃고비 中 花荵属植物

Norsk

Slekta er navngitt enten etter kong Polemos fra Lilleasia eller etter det greske navnet polemos for "strid", og *Polemonium* var registrert som et plantenavn i antikken av den greske botanikeren og farmakologen Dioscorides som skrev det klassiske 5-binds verket *De Materia Medica*. Artsnavnet betyr "nordlig".

Trolig den vakreste planten på Svalbard, og selv under kulldriftperioden ble hovedveien i Longyearbyen rett over Sysselmannsbygget lagt i en sving for å unngå å ødelegge et stort individ av polarflokk som fortsatt skal vokse der.

Bladene er oppdelt i finner.

Blomstene har store blå kroner, gule mot sentrum innvendig, og er oppdelt i dype fliker.

I tørre, varme skråninger og rasmarker, spesielt under fuglefjell, bare i det sentrale Spitsbergen, og ikke så langt nordover som til Ny-Ålesund.

English

The genus is either named after King Polemon in Asia Minor or after the Greek word, polemos meaning 'struggle'. *Polemonium* was recorded as a plant name by the Greek botanist and pharmacist Dioscorides who wrote the classical 5-volume medical *De Materia Medica*. The species name means 'northern'.

It may be the most beautiful flower in Svalbard. Even during the coal mining period, the route of a major road just above the Governor's building in Longyearbyen was re-located just to avoid destroying a colony of this species which probably still is growing there.

The leaves are pinnately divided.

The flowers have large blue corollas, yellow near the centre, and deeply divided.

It is found in dry, warm slopes and screes, particularly below bird cliffs, and only in central Spitsbergen, not as far north as in the Ny-Ålesund area.

한국어

이 식물의 속명은 소아시아 왕 폴레몬의 이름이나 그리스어로 '투쟁'을 뜻하는 polemos에서 유래했고, 종소명은 '북부'를 뜻한다. 5권짜리 고전적인 의학책 De Materia Medica를 지은 그리스의 식물학자이자 약사인 디오스코리데스가 꽃고비 속명을 기록했다.

스발바르에서 가장 아름다운 꽃일 것이다. 석탄 광산 시기에 이 꽃을 훼손하지 않으려고 도로를 돌아가게 낼 정도였다. 이 도로는 현재 롱위에아르비엔 주정부 건물 바로 위에 있다.

잎은 뾰족하게 갈라진다.

꽃은 푸른색인데 가운데는 노랑색이고 깊게 갈라진 커다란 꽃잎을 갖는다.

스피츠베르겐 중부에서만 볼 수 있고 최대 북쪽으로 뉴올레슌 지역까지 퍼져 있다. 건조하고 따뜻한 경사면과 경사진 돌무더기, 특히 새가 사는 절벽 아래쪽에서 볼 수 있다.

中文

属名以小亚细亚国王Polemon命名,希腊之后polemos意为"斗争"之后,物种类名称的意思是"北方"。*Polemonium*被希腊植物学家和药剂师Dioscorides记录为植物名称,他们撰写了经典的5卷医学著作De Materia Medica。

也许是斯瓦尔巴特群中最美丽的花朵,甚至在煤矿时期,位于朗伊尔城总督大楼正上方的主要道路也被引导成曲线道路,以避免摧毁仍在那里生长的花。

叶子是羽状的。

这些花有大的蓝色花冠,中心附近有黄色,并且分裂得很深。

在干燥,温暖的山坡和树林中,特别是在鸟类栖息的悬崖下面生长。只在斯匹次卑尔根中部,而不在北部和新奥勒松地区。

Orobanchaceae

Pedicularis dasyantha Hadač

N Ullmyrklegg **E** Wooly Lousewort **한** 솜털송이풀 **中** 马先蒿属植物

Norsk

- Slektsnavnet er avledet fra det latinske pediculus som betyr "liten lus", og var et plantenavn i romertiden. Artsnavnet betyr "med hårete blomster".
- Urt med en imponerende, ullhåret, lilla blomsterstand og med kraftig, gul pelerot. Halvparasitt, og det antas at røttene snylter på reinrose.
- Bladene er dypt flikete i en rosett som utvikler seg til en hårete kule før skuddet klarer å produsere blomster.
- Blomsten er tilpasset humlepollinering andre steder, men kan ha selvpollinering på Svalbard der humler mangler.
- På tørr, kalkrik tundra i sentrale fjordstrøk på Spitsbergen, men ikke sør for Adventdalen. Ellers bare kjent fra Novaja Zemlja og tilliggende områder i Russland.

English

- The genus name is derived from the Latin word pediculus meaning 'small louse', and was used as a plant name during the Roman period. The species name means 'with hairy flowers'.
- It is a herb with an impressive strongly woolly and purple flowering spike. It is a semiparasite, and its roots are supposed to parasitize mountain avens.
- The leaves are deeply incised, forming a rosette and later a hairy ball before the shoot manages to produce flowers.
- Elsewhere, the flower is adapted to bumble-bee pollination, but as bumble-bees are lacking in Svalbard, it is likely that this species conducts self-pollination.
- It is found in dry, calcareous tundra in central fjord areas of Spitsbergen, but not south of Adventdalen. Elsewhere, it can be found only in Novaya Zemlya and adjacent Russian areas.

한국어

- 이 식물의 속명은 고대 로마시대에도 사용되었던 이름이며 라틴어로 '작은 이'를 뜻하는 pediculus에서 유래했다. 종소명은 '털이 많은 꽃들'을 뜻한다.
- 자주색 꽃대와 인상적으로 강한 털이 있다. 담자리꽃나무에서 양분을 빨아들이는 반기생생물로 추정되고 있다.
- 잎은 깊게 갈라져서 로제트를 형성하고 줄기에서 꽃이 생기기 전에는 털에 덮인 공처럼 보인다.
- 다른 곳에서는 꽃이 꿀벌에 의해 수분되지만, 스발바르에는 벌이 부족해서 자가수분을 하는 것으로 보인다.
- 스피츠베르겐의 중심부 피오르 지역의 건조한 석회질 툰드라에서 자라며, Adventdalen 남쪽에서는 자라지 않는다. 다른 서식지로는 노바야제믈랴 제도와 인접한 러시아 지역이 있다.

中文

- 属名来自pediculus意思是"小虱子"，是罗马时代的植物名称。物种名称的意思是"有毛的花朵"。
- 草本植物具有令人印象深刻的多毛和开紫色花的穗状花序。半寄生，根寄生在*Dryas octopetala*。
- 叶子深深地裂开并形成一个莲座丛，在茎干形成花之前看起来像一个毛球。
- 这种花在其他地方适合于大黄蜂授粉，但在斯瓦尔巴群岛可能是自交的，因为斯瓦尔巴群岛没有大黄蜂。
- 在斯匹次卑尔根中部峡区的干燥，钙质苔原，但不在Adventdalen南部。 其余分布仅在新地岛和俄罗斯邻近地区。

Orobanchaceae

Pedicularis hirsuta L.

N Lodnemyrklegg **E** Hairy Lousewort **한** 긴털송이풀 **中** 马先蒿属植物

Norsk

- Slektsnavnet er avledet fra det latinske pediculus som betyr "liten lus", og var et plantenavn i romertiden. Artsnavnet betyr "hårete".
- Hårete rosettplante, men mindre enn ullmyrklegg, mindre hårete og med snaue blomster.
- Oppdelte blad i rosetter.
- Blomsten er rosa eller kombinasjonen rosa og hvit. Blomsten består av et sammenvokst rør, med hjelmformet overleppe og en 3-fliket underleppe.
- Den er vanlig på halvfuktig tundra over hele Svalbard unntatt Bjørnøya.

English

- The genus name is derived from Latin word pediculus meaning 'small louse', and was used as a plant name during the Roman period. The species name means 'hairy'.
- It is a hairy rosette plant but is smaller than Wooly Lousewort. It is also less hairy and has glabrous flowers.
- It produces incised leaves in a rosette.
- The flowers are pink or a combination of pink and white. The flower consists of a fused tube, with a helmet-shaped upper lip and a 3-lobed lower one.
- It is common in mesic tundra regions all over Svalbard, except on Bjørnøya.

한국어

- 이 식물의 속명은 고대 로마시대에도 사용되었던 이름이며 라틴어로 '작은 이'를 뜻하는 pediculus에서 유래했다. 종소명은 '털이 많다'는 뜻이다.
- 로제트는 털이 있지만 솜털송이풀보다 털이 적고 크기가 작으며 털없는 꽃을 피운다.
- 로제트 잎은 깊게 갈라져 있다.
- 꽃은 분홍색 드물게 흰색이며, 꽃잎은 헬멧 모양으로 올라온 것과 세 갈래로 된 아래 부분으로 구성된다.
- 비에르뇌위아를 제외한 스발바르 전역에서 발견된다.

中文

- 属名来自pediculus意思是"小虱子"，是罗马时代的植物名称。物种名称的意思是"毛茸茸"。
- 毛茸茸的莲座丛植物，但比*P. dasyantha*小，少毛或无毛。
- 莲座叶深裂。
- 花是粉红色或粉白色。花由一片头盔状的上半部分花瓣和三个下半部分花瓣组成。
- 除了熊岛之外，在斯瓦尔巴德群岛的中带苔原中很常见。

Asteraceae

Erigeron humilis Graham

N Svartbakkestjerne **E** Snow Fleabane **한** 애기개망초 **中** 飞蓬属植物

Norsk

- Slektsnavnet kommer fra den greske eri som betyr "tidlig" eller erio som betyr "ull", og geron betyr "gammel mann", og var et plantenavn brukt av Theophrast, botanikkens far, c. 300 f. Kr. Artsnavnet betyr lavtvoksende.
- Lav rosettplante med hårete blad og karakteristiske blomster som åpner seg nede i rosetten, mens stenglene strekker seg under frømodningen.
- Stengelbladene er mye smalere og mindre enn rosettbladene.
- Som hos andre korgplanter er mange små enkeltblomster samlet i tette korger eller hoder, omgitt av korgdekkblad. Disse og øverste del av stengelen er dekket av fiolette hår hos denne arten.
- I snøleier i fjordstrøk av Spitsbergen.

English

- The genus name is derived from the Greek word eri meaning 'early' or erio meaning 'woolly', and geron meaning 'old man'. It was a plant name used by Theophrastus, the father of botany c. 300 BC. The species name means 'low-grown'.
- It is a short rosette plant with hairy leaves and flowers which bloom within the rosette. The stems elongate during ripening of seeds.
- The stem leaves are much narrower and smaller than the rosette leaves.
- Like in other composites, numerous tiny single flowers are densely borne in heads, surrounded by involucral bracts. These bracts and the upper part of the stem are covered by violet hairs in the present species.
- It is found in snow beds of central fjord areas in Spitsbergen.

한국어

- 이 식물의 속명은 '이른'을 뜻하는 그리스어 eri 또는 '털로 덮였다'는 뜻의 erio와 '노인'을 뜻하는 geron으로 구성된다. 기원전 300년에 활동했던 식물학의 아버지 테오프라스토스가 식물 이름으로 사용했다. 종소명은 '낮게 자란다'는 뜻이다.
- 털이 많은 잎과 특징적인 꽃이 있는 키가 작은 로제트 식물이다. 꽃이 필 때는 로제트 안에 있다가 씨가 숙성하는 동안 줄기가 길어진다.
- 줄기잎은 아래쪽 잎보다 훨씬 좁고 작다.
- 다른 국화과 식물처럼 작은 수많은 꽃이 꽃머리에 모여 피며 포에 둘러싸여 있다. 포와 줄기 윗부분은 보라색 털에 덮여 있다.
- 스피츠베르겐 피오르의 눈이 쌓인 지역에서 관찰된다.

中文

- 属名来自希腊语eri意思是"早期"，erio意思是"羊毛"，geron意思是"老人"。植物学之父Theophrastes公元前300年使用的植物名称。物种名称的意思是"低成长"。
- 有少毛的叶子，独特的花朵和矮小的莲座丛的植物。在莲座丛内开花，但茎在种子成熟期间伸长。
- 茎叶比基叶更窄，更小。
- 与其他菊科植物一样，许多花朵在花头上绽放，并缠绕在花朵上。花和茎的上部覆盖着紫色的毛。
- 在斯匹次卑尔根峡湾地区的雪床上发现。

Asteraceae

Taraxacum brachyceras Dahlst.

N Polarløvetann   **E** Common Dandelion   **한** 북극민들레   **中** 蒲公英属植物

Norsk

S? Slektsnavnet kommer fra det persiske talkh chakok og et lignende arabisk navn som begge betyr "en bittert urt". Artsnavnet betyr "med korte horn".

🔍 En rosettplante som ligner en vanlig løvetann, mens den vanligere hvite arktis-løvetann (*T. arcticum*) er mer distinkt med sine kremkvite korger. Stenglene produserer hvit latex.

🌿 Bladene er uregelmessig flikete med en dominerende hovednerve.

⚙ Løvetenner danner frukter uten seksuell befruktning, men unntaksvis skjer dette, noe som sammen med mutanter gir opphav til nye genetiske linjer. Disse 'småartene' er mye mer snevert definert enn vanlige arter, og i fastlands-Europa er det beskrevet over 1,200. De fleste neglisjeres av botanikere, men de arktiske er mer distinkte.

👥 Sjelden i fjordstrøk på Spitsbergen, særlig under fuglefjell.

English

S? The genus name is related to the Persian word 'talkh chakok' and shares a similar name in Arabic, both meaning 'a bitter herb'. The species name means 'with short horns'.

🔍 It is a rosette plant resembling a common weedy dandelion, whereas the more common Arctic dandelion (*T. arcticum*) is more distinct with its creamy, white heads. The stalks produce white latex.

🌿 The leaves have irregular dentate lobes and a dominant central vein.

⚙ Dandelions produce fruits without sexual cross-fertilization. However, in extremely rare cases they occur and then define new lineages, which mutations also do. These 'microspecies' are much more narrowly defined than normal species, and more than 1,200 have been described from mainland Europe. Most are neglected by botanists, but Arctic ones are more distinct.

👥 It is rare in fjord areas of Spitsbergen, particularly below bird cliffs.

한국어

S? 이 식물의 속명은 페르시아 talkh chakok이나 이와 비슷한 아랍어와 관련있는데, 둘 다 '쓴 풀'을 뜻한다. 종소명은 '짧은 뿔'을 뜻한다.

🔍 평범한 민들레와 닮은 로제트 식물이다. 반면에 북극 흰민들레는 크림색의 흰꽃송이가 뚜렷하다. 줄기가 흰색 유액을 만든다.

🌿 잎 가장자리에 불규칙한 거치가 있고 가운데에 뚜렷한 잎맥이 있다.

⚙ 민들레는 유성생식 없이 씨앗을 만들지만, 극히 드물게 유성생식을 하며, 이 경우 돌연변이가 생겨 새로운 계통을 세운다. 이 '미세종'은 보통의 종보다 훨씬 좁게 정의되어, 유럽 본토에서 1,200개가 넘는 미세종이 생겨났다. 식물학자들은 대부분의 미세종을 무시하지만, 북극의 미세종은 더 뚜렷하게 구분된다.

👥 스피츠베르겐 피오르 주변, 특히 새가 서식하는 절벽 아래에서 드물게 볼 수 있다.

中文

S? 属名字来自波斯语talkh chakok或类似的阿拉伯语，两者都意味着"苦味的草药"。物种名称的意思是"短角"。

🔍 类似于普通蒲公英的莲座丛植物，而更常见的北极蒲公英(*T. arcticum*)与其乳白色的白头更明显。秸秆产生白色乳胶。

🌿 叶子有不规则的齿状裂片和主要的中央静脉。

⚙ 蒲公英在没有受精的情况下产生果实，然而，极少数病例以及突变定义了新的谱系。这些"微型物种"比普通物种的定义要窄得多，而欧洲大陆已经描述了1,200多种。大多数都被植物学家所忽视，但是北极的更加明显。

👥 在斯匹次卑尔根岛的峡湾很少观察到，特别是在鸟类栖息的悬崖下面。

Campanulaceae

Campanula uniflora L.

N Høyfjellsklokke   **E** Alpine Hairbell   **한** 고산초롱꽃   **中** 风铃草属植物

Norsk

- Slektsnavnet betyr "en liten klokke", og artsnavnet betyr "med en blomst".
- En art som sjelden oppdages uten sin karakteristiske elegante, hengende blomst. Regnet som 'sårbar' på Svalbard.
- Bladene er avlange og står motsatt parvise.
- Blomsten er mørkeblå med 5 kronfliker. Etter befruktning retter stilken seg og kapselen står rett opp.
- Sjelden i fjordstrøk på Spitsbergen, i tørre skråninger, ofte nært fuglefjell.

English

- The genus name means 'a small bell', and the species name means 'with one flower'.
- It is a rare species that will usually not be discovered without its elegant, drooping, blue flower. It is a 'vulnerable' species in Svalbard.
- The leaves are elliptic and alternate.
- The flower is dark blue with 5 corolla lobes. After fertilization, the stalk bends upwards and the capsule becomes erect.
- It is rare in fjord areas of Spitsbergen, in dry slopes, particularly near bird cliffs.

한국어

- 이 식물의 속명은 '작은 종'을 뜻하고, 종소명은 '하나의 꽃'을 뜻한다.
- 고개를 숙이고 끄덕거리는 우아한 푸른 꽃이 핀다. 스발바르에서 취약종이다.
- 잎은 타원형이고 어긋난다.
- 꽃은 진한 파란색이고 5장의 꽃잎이 서로 붙어 통꽃을 이룬다. 수정이 되면, 줄기가 위쪽으로 일어서며 열매가 곧게 선다.
- 스피츠베르겐 피오르 주변 건조한 경사면, 특히 새가 서식하는 절벽 아래에서 드물게 볼 수 있다.

中文

- 属名称的意思是"小铃铛"，物种类名称的意思是"一朵花"。
- 美丽优雅，在没有蓝色花朵弯曲的情况下很难被发现。斯瓦尔巴群岛的一个"脆弱"物种。
- 叶子是椭圆形的并且是交替的。
- 花是深蓝色的，有5个花冠裂片。受精后，茎向上弯曲，囊直立。
- 在斯匹次卑尔根峡湾地区，特别是在干燥的山坡上，尤其是鸟类栖息的悬崖附近偶有发现。

References

Alsos IG, Arnesen G, Sandbakk BE, Elven R. 2019. The flora of Svalbard [accessed 15 May 2019] http://www.svalbardflora.net

Elvebakk A. 2005. A vegetation map of Svalbard on the scale 1: 3.5 mill. Phytocoenologia 35: 951–967.

Elvebakk A, Prestrud P (eds.) 1996. A catalogue of Svalbard plants, fungi, algae, and cyanobacteria. Skr. Norsk Polarinst. 198: 1–390.

Lee YK, Jung J, Hwang YS, Lee K, Han DU, Lee EJ. 2014. Beautiful Arctic tundra plants. Seoul, Geobook. pp. 295.

Lee YK, Lee EJ. 2019. Korean names of the vascular plants living in the Arctic Svalbard Archipelago. Journal of Climate Change Research10: 55–69.

Missouri Botanical Garden, Harvard University Herbaria. 2019. Flora of China [accessed 15 May 2019] http://www.efloras.org

Rønning O. 1996. The flora of Svalbard. Oslo, Norwegian Polar Institute. pp. 184.

The Plant List. 2019. The International Plant Name Index; [accessed 15 May 2019]. http://www.theplantlist.org

Index

Scientific name index

A
Alopecurus ovatus 38
Arenaria pseudofrigida 54

B
Betula nana ssp. *tundrarum* 114
Bistorta vivipara 72
Braya glabella ssp. *purpurascens* 96

C
Campanula uniflora 130
Cardamine pratensis ssp. *angustifolia* 98
Carex fuliginosa ssp. *misandra* 32
Cassiope tetragona 116
Cerastium arcticum 56
Chrysosplenium tetrandrum 78
Cochlearia groenlandica 100
Cystopteris fragilis 26

D
Draba alpina 102
Draba corymbosa 104
Dryas octopetala 110

E
Equisetum arvense ssp. *alpestre* 22
Equisetum scirpoides 24
Erigeron humilis 126
Eriophorum scheuchzeri ssp. *arcticum* 34

H
Harrimanella hypnoides 118
Huperzia arctica 20

K
Koenigia islandica 74

L
Luzula confusa 36

M
Micranthes foliolosa 80

Micranthes hieraciifolia 82
Micranthes nivalis 84
Minuartia biflora 58

O
Oxyria digyna 76

P
Papaver dahlianum 42
Pedicularis dasyantha 122
Pedicularis hirsuta 124
Poa alpina var. *vivipara* 40
Polemonium boreale 120
Potentilla pulchella 112

R
Ranunculus arcticus 44
Ranunculus hyperboreus ssp. *arnellii* 46
Ranunculus nivalis 48
Ranunculus pygmaeus 50
Ranunculus sulphureus 52

S
Sagina nivalis 60
Salix polaris 106
Salix reticulata 108
Saxifraga aizoides 86
Saxifraga cernua 88
Saxifraga cespitosa 90
Saxifraga hirculus ssp. *compacta* 92
Saxifraga oppositifolia 94
Silene acaulis 62
Silene involucrata ssp. *furcata* 64
Silene uralensis ssp. *arctica* 66
Stellaria humifusa 68
Stellaria longipes 70

T
Taraxacum brachyceras 128

W
Woodsia glabella 28

Norwegian name index

A
Arktisk myrsildre 92

D
Dubbestarr 32
Dvergbjørk 114
Dverglodnebregne 28
Dvergmaigull 78
Dvergsnelle 24
Dvergsoleie 50
Dvergsyre 74

F
Fjellrapp 40
Fjellsmelle 62
Fjellsyre 76
Fliksoleie 44

G
Grynsildre 80
Gullrublom 102
Gulsildre 86

H
Harerug 72
Høyfjellsklokke 130

I
Ishavsstjerneblom 68

J
Jøkelsmåarve 60

K
Kalkarve 54
Kantlyng 116
Knoppsildre 88

L
Lodnemyrklegg 124

M
Moselyng 118

P
Polarblindurt 66
Polarflokk 120
Polarjonsokblom 64
Polarkarse 98
Polarløvetann 128
Polarlusegras 20
Polarreverumpe 38
Polarskjørbuksurt 100
Polarsnelle 22
Polarsnøull 34
Polarsoleie 52
Polarvier 106
Purpurkarse 96
Puterublom 104

R
Reinrose 110
Rødslidre 94
Rynkevier 108

S
Skjørlok 26
Snøsildre 84
Snøsoleie 48
Snøstjerneblom 70
Stivsildre 82
Svalbardvalmue 42
Svartbakkestjerne 126

T
Tuearve 58
Tuemure 112
Tuesildre 90
Tundraarve 56
Tundrasoleie 46

U
Ullmyrklegg 122

V
Vardefrytle 36

English name index

A
Alpine Bistort 72
Alpine Hairbell 130
Alpine Meadow-grass 40
Alpine Whitlow-grass 102
Arctic Bell-heather 116
Arctic Cottongrass 34
Arctic Mouse-ear 56
Artic White Campion 64

B
Brittle Bladder-fern 26

C
Common Dandelion 128

D
Drooping Saxifrage 88
Dwarf Birch 114
Dwarf Horsetail 24

F
Flat-top Draba 104
Foliolose Saxifrage 80
Fringed Sandworts 54

G
Greenland Scurvy-grass 100

H
Hairy Lousewort 124

I
Iceland Purslane 74

L
Longstalk Starwort 70

M
Marsh Saxifrage 92
Moss Bell Heather 118

Moss Campion 62
Mounntain Sandwort 58
Mountain Avens 110
Mountain Fir-moss 20
Mountain Sorrel 76

N
Netleaf Willow 108
Northern Golden Saxifrage 78
Northern Jacob's Ladder 120
Northern Woodrush 36

P
Polar Campion 66
Polar Cress 98
Polar Foxtail 38
Polar Horsetail 22
Polar Willow 106
Pretty Cinquefoil 112
Purple Saxifrage 94
Purplish Braya 96
Pygmy Buttercup 50

S
Saltmarsh Starwort 68
Shortleaved Sedge 32
Smooth Woodsia 28
Snow Buttercup 48
Snow Fleabane 126
Snow Pearlwort 60
Snow Saxifrage 84
Stiff Stem Saxifrage 82
Sulphur Buttercup 52
Svalbard Poppy 42

T
Tall Buttercup 44
Tufted Saxifrage 90
Tundra Buttercup 46

W
Wooly Lousewort 122

Y
Yellow Saxifrage 86

Korean name index

ㄱ
고산꽃다지 102
고산초롱꽃 130
고산포아풀 40
그린란드고추냉이 100
그물잎버들 108
긴털송이풀 124

ㄴ
나도수영 76
난장이미나리아재비 50
난장이자작 114
노랑범의귀 86
노랑습지범의귀 92
눈개미자리 60
눈미나리아재비 48
눈범의귀아재비 84

ㄷ
다발범의귀 90
다발양지꽃 112
담자리꽃나무 110

ㅁ
민꽃다지 104

ㅂ
북극개미자리 58
북극꿩의밥 36
북극다람쥐꼬리 20
북극미나리아재비 44
북극민들레 128
북극벼룩이자리 54
북극별꽃 68
북극쇠뜨기 22
북극이끼장구채 62

북극점나도나물 56
북극젓가락나물 46
북극종꽃나무 116
북극콩버들 106
북극풍선장구채 66
북극황새냉이 98
북극황새풀 34
북방꽃고비 120
북방황금괭이눈 78
붉은범의귀아재비 82

ㅅ
산뚝새풀 38
솜털송이풀 122
쇠비름아재비 74
스발바르양귀비 42
씨눈바위취 88
씨범꼬리 72

ㅇ
애기가물고사리 28
애기개망초 126
얼룩사초 32
유황미나리아재비 52
이끼석남 118

ㅈ
자주꽃다지아재비 96
자주범의귀 94
좀범의귀아재비 80
좀속새 24

ㅌ
툰드라별꽃 70

ㅎ
한들고사리 26
흰풍선장구채 64

Chinese name index

B
冰岛蓼 74

C
草甸碎米荠亚种 98

D
地杨梅属植物 36
杜鹃花科植物 118

E
二花米努草 58

F
繁缕属植物 68, 70
飞蓬属植物 126
风铃草属植物 130

G
高山早熟禾品种 40
光岩蕨 28

H
桦木属植物 114
花荵属植物 120
虎耳草属植物 80, 82, 84, 86, 90

J
金腰属植物 78
卷耳属植物 56

K
看麦娘属植物 38

L
冷蕨 26

零余虎耳草 88
蔺木贼 24
柳属植物 106, 108

M
毛茛属植物 44, 46, 48, 50, 52
马先蒿属植物 122, 124

N
挪威虎耳草 94

P
蒲公英属植物 128

Q
漆姑草属植物 60

R
肉叶荠属植物 96

S
山羊臭虎耳草亚种 92
肾叶山蓼 76
石杉属植物 20

T
苔草属植物 32
葶苈属植物 102, 104

W
问荆亚种 22
委陵菜属植物 112

Y
羊胡子草亚种 34
岩荠属植物 100, 116

罂粟属植物 42
蝇子草属植物 62, 64, 66

Z
蚤缀属植物 54
珠芽拳参 72

Index 137

Picture Credits

Top=t, Middle=m, Bottom=b, Left=l, Right=r

23t, 23m, 21br, 35bl, 43bl, 55tr, 57br, 63br, 69bl, 73tr, 73bl, 77tl, 77tr, 77bl, 77br, 83bl, 83br, 87bl, 89tr, 89bl, 89br, 91tr, 91br, 93bl, 93br, 95br, 101tl, 101bl, 101bm, 103br, 107tr, 111tl, 117bl © Yoo Kyung Lee

25b, 29, 55br, 63tl, 63tr, 63m, 63bl, 65br, 83tl, 83tr, 83br, 105, 113t, 113bl, 113br, 105, 109, 117m, 121bl, 121br, 123bl, 123br, 131 © Arve Elvebakk

Front cover, Back cover, 7, 10, 12, 15, 17, 21m, 21bl, 21br, 21bl, 25t, 27, 33bl, 33br, 35tl, 35tr, 35m, 37, 39, 41t, 41bl, 43tl, 43tr, 43m, 43br, 45t, 45m, 45br, 47t, 47bl, 47br, 49, 51t, 51m, 51br, 53m, 53bl, 53br, 55t, 55bl, 57tl, 57m, 59, 61, 65t, 65m, 65bl, 67tl, 67tr, 67br, 69t, 69m, 69br, 71, 73tl, 73m, 73br, 75, 77m, 79, 81, 83m, 85, 87t, 87m, 89tl, 89m, 91m, 93tl, 93tr, 93m, 95tr, 95m, 95bl, 97tl, 97tr, 97bl, 97br, 99, 101tr, 101m, 101br, 103bl, 107tl, 107m, 107bl, 109, 111tr, 111m, 111bl, 111br, 113m, 117t, 117br, 121t, 121m, 123t, 123m, 125, 127, 129 © Youngsim Hwang

41br, 57tr, 67bl, 91tl, 117m © Ji Young Jung

21t, 33t, 47m, 53t, 55m, 91bl, 97m © Danny Donguk Han

13, 35br, 45bl, 51bl, 57bl, 67m, 95tl, 103t, 107br © Frits Steenhuisen

Handbook of Svalbard Plants

Håndbok over svalbardplanter
한 눈에 보는 스발바르 식물
斯瓦尔巴特植物手册

초판 1쇄 인쇄	2019년 5월 30일
초판 1쇄 발행	2019년 6월 10일
지은이	이유경, Arve Elvebakk
펴낸곳	지오북(**GEOBOOK**)
펴낸이	황영심
편집	전슬기
디자인	권지혜, 장영숙
주소	서울특별시 종로구 새문안로5가길 28, 1015호 (적선동, 광화문 플래티넘) Tel_02-732-0337 Fax_02-732-9337 eMail_book@geobook.co.kr www.geobook.co.kr cafe.naver.com/geobookpub
출판등록번호	제300-2003-211
출판등록일	2003년 11월 27일

ⓒ 이유경, Arve Elvebakk, 지오북(**GEOBOOK**) 2019
지은이와 협의하여 검인은 생략합니다

ISBN 978-89-94242-64-4 06480

이 책은 저작권법에 따라 보호받는 저작물입니다.
이 책의 내용과 사진 저작권에 대한 문의는 지오북(**GEOBOOK**)으로 해 주십시오.

이 도서의 국립중앙도서관 출판예정도서목록(CIP)은 서지정보유통지원시스템 홈페이지(http://seoji.nl.go.kr)와 국가자료종합목록시스템(http://www.nl.go.kr/kolisnet)에서 이용하실 수 있습니다. (CIP제어번호 :CIP2019020385)